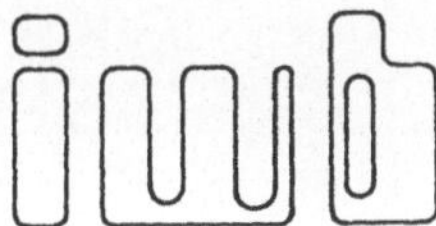

Forschungsberichte · Band 40

Berichte aus dem
Institut für Werkzeugmaschinen
und Betriebswissenschaften
der Technischen Universität München

Herausgeber: Prof. Dr.-Ing. J. Milberg

Thomas Koepfer

3D-grafisch-interaktive Arbeitsplanung – ein Ansatz zur Aufhebung der Arbeitsteilung

Mit 74 Abbildungen

Springer-Verlag Berlin Heidelberg GmbH 1991

Dipl.-Ing. Thomas Koepfer
Institut für Werkzeugmaschinen und Betriebswissenschaften (iwb), München

Dr.-Ing. J. Milberg
o. Professor an der Technischen Universität München
Institut für Werkzeugmaschinen und Betriebswissenschaften (iwb), München

D 91

Ursprünglich erschienin bei Springer-Verlag Berlin Heidelberg New York 1991

ISBN 978-3-540-54436-4 ISBN 978-3-662-05548-9 (eBook)
DOI 10.1007/978-3-662-05548-9

2362/3020-543210

Geleitwort des Herausgebers

Die Verbesserung von Fertigungsmaschinen, Fertigungsverfahren und Fertigungsorganisation im Hinblick auf die Steigerung der Produktivität und die Verringerung der Fertigungskosten ist eine ständige Aufgabe der Produktionstechnik. Die Situation in der Produktionstechnik ist durch abnehmende Fertigungslosgrößen und zunehmende Personalkosten sowie durch eine unzureichende Nutzung der Produktionsanlagen geprägt. Neben den Forderungen nach einer Verbesserung von Mengenleistung und Arbeitsgenauigkeit gewinnt die Steigerung der Flexibilität von Fertigungsmaschinen und Fertigungsabläufen immer mehr an Bedeutung. In zunehmendem Maße werden Programme, Einrichtungen und Anlagen für rechnergestützte und flexibel automatisierte Produktionsabläufe entwickelt.

Ziel der Forschungsarbeiten am Institut für Werkzeugmaschinen und Betriebswissenschaften an der TU München (iwb) ist die weitere Verbesserung der Fertigungsmittel und Fertigungsverfahren im Hinblick auf eine Optimierung von Arbeitsgenauigkeit und Mengenleistung der Fertigungssysteme. Dabei stehen Fragen der anforderungsgerechten Maschinenauslegung sowie der optimalen Prozeßführung im Vordergrund. Ein weiterer Schwerpunkt ist die Entwicklung fortgeschrittener Produktionsstrukturen und die Erarbeitung von Konzepten für die Automatisierung des Auftragsdurchlaufs. Das Ziel ist eine Integration der technischen Auftragsabwicklung von der Konstruktion bis zur Montage.

Die im Rahmen dieser Buchreihe erscheinenden Bände stammen thematisch aus den Forschungsbereichen des iwb: Fertigungsverfahren, Werkzeugmaschinen, Fertigungs- und Montageautomatisierung, Betriebsplanung sowie Steuerungstechnik und Informationsverarbeitung. In ihnen werden neue Ergebnisse und Erkenntnisse aus der praxisnahen Forschung des iwb veröffentlicht. Diese Buchreihe soll dazu beitragen, den Wissenstransfer zwischen dem Hochschulbereich und dem Anwender in der Praxis zu verbessern.

Joachim Milberg

Vorwort

Die vorliegende Dissertation entstand während meiner Tätigkeit als wissenschaftlicher Mitarbeiter am Institut für Werkzeugmaschinen und Betriebswissenschaften (iwb) der Technischen Universität München.

Herrn Prof. Dr.-Ing. J. Milberg, dem Leiter dieses Instituts, gilt mein besonderer Dank für seine wohlwollende Förderung und großzügige Unterstützung sowie für die wertvollen Hinweise zu dieser Arbeit.

Ebenso möchte ich mich bei Herrn Prof. Dr.-Ing. Dipl.Wirtsch.-Ing. W. Eversheim, dem Inhaber des Lehrstuhles für Produktionssystematik und Direktor des Laboratoriums für Werkzeugmaschinen und Betriebslehre (WZL) der Rheinisch-Westfälischen Technischen Hochschule Aachen, für die kritische Durchsicht der Arbeit und die Übernahme des Koreferates bedanken.

Allen Mitarbeiterinnen und Mitarbeitern des Instituts für Werkzeugmaschinen und Betriebswissenschaften (iwb) und des Instituts für Montageautomatisierung GmbH (ifm) sowie allen Studenten, die mich bei der Erstellung meiner Arbeit unterstützt haben, möchte ich meinen herzlichen Dank aussprechen.

München, im Juli 1991

Thomas Koepfer

1. Einleitung und Zielsetzung

1.1 Wettbewerbsstrategien von Produktionsunternehmen

Die Wettbewerbssituation eines Unternehmens wird innerhalb einer Branche in erster Linie durch die Rivalität unter bestehenden Wettbewerbern geprägt. Darüber hinaus wird sie von der Gefahr des Markteintrittes branchenfremder Unternehmen, der Gefahr von Ersatzprodukten, sowie der Macht der Lieferanten und Kunden beeinflußt.

Drei klassische Ansätze zur Auseinandersetzung mit den fünf genannten Wettbewerbskräften sind bekannt /1.1/:

Die Strategie der umfassenden Kostenführerschaft besteht darin, einen Kostenvorsprung beispielsweise durch den Aufbau effizienter, hochautomatisierter Produktionsanlagen oder das Ausnutzen erfahrungsbedingter Kostensenkungen zu erreichen.

Die Strategie der Differenzierung besteht darin, innerhalb einer Branche eine besondere Stellung anzustreben. Dies kann beispielsweise durch einzigartige Produkte, Serviceleistungen oder schnelle Reaktion auf Markterfordernisse erreicht werden. Differenzierung schirmt gegen den Wettbewerb ab und verringert die Preisempfindlichkeit durch den Charakter der Einzigartigkeit.

Die Konzentration auf Marktnischen und damit auf bestimmte Marktsegmente oder Abnehmergruppen zielt schließlich darauf ab, Konkurrenten, die sich im breiteren Wettbewerb befinden, zu schlagen. Konzentration führt meist entweder zur Differenzierung in bestimmten Bereichen oder zur Kostenführerschaft.

Ausgehend von den Unternehmenszielen und den branchenspezifischen Gegebenheiten entwickelt jedes Unternehmen, bewußt oder unbewußt, seine Wettbewerbsstrategie. Die Umsetzung der Wettbewerbsstrategie geschieht durch das Ausschöpfen der verschiedenen Unternehmenspotentiale. Unternehmenspotentiale sind maßgeblich von unternehmensinternen Faktoren wie beispielsweise finanziellen Mitteln, technologischem Stand und der Leistungsfähigkeit im Bereich der Forschung und Entwicklung abhängig (Bild 1.1) /1.1, 1.2, 1.5/.

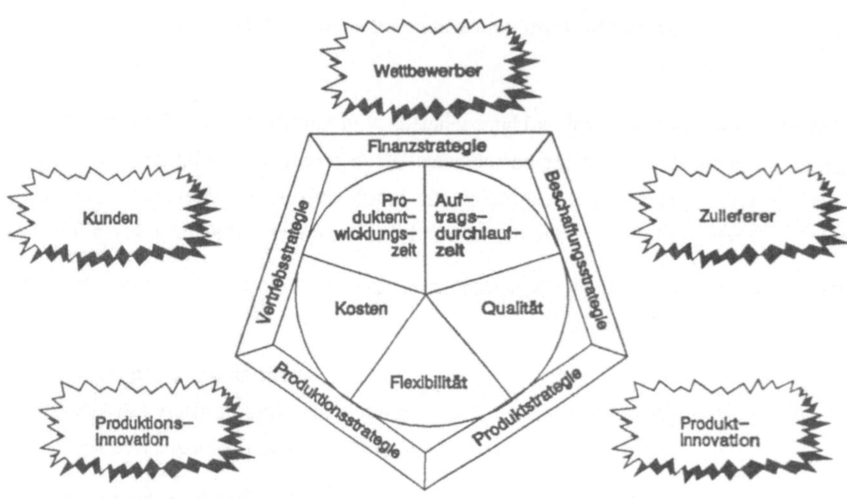

Bild 1-1: *Wettbewerbsvorteile durch Nutzung von Unternehmenspotentialen /1.5/*

1.2 Veränderungen der Wettbewerbsbedingungen für Produktionsunternehmen

In den vergangenen Jahren haben sich die Wettbewerbsbedingungen auf fast allen Märkten grundlegend geändert. Dabei kann die heutige Situation im wesentlichen durch drei Merkmale gekennzeichnet werden:

Das Zusammenwachsen der internationalen Märkte hat zu einer neuen Konkurrenzsituation geführt. Besonders in Bereichen mit bekannten Produktionstechnologien hat das Vordringen von "Billiglohnländern" Markt- und Produktionsbedingungen verändert. Gleichzeitig hat ein eindeutiger Wandel vom Verkäufer- zum Käufermarkt stattgefunden, was auf Sättigungstendenzen in traditionellen Marktsegmenten zurückzuführen ist. Schließlich resultieren für die Unternehmen aus der steigenden Anzahl marktrelevanter Veränderungen und der wachsenden Geschwindigkeit, mit der diese Veränderungen einsetzen, erhöhte Anforderungen an Innovations-, Entwicklungs- und Produktionszeiten /1.1, 1.2, 1.3, 1.7/.

Die veränderten Wettbewerbsbedingungen lassen neben den Kosten neue Wettbewerbsfaktoren wie Qualität, Flexibilität, Innovationsfähigkeit sowie vor allem die Zeit zu einem immer entscheidenderen Wettbewerbsfaktor werden. Der Zeit als einer knappen Ressource bzw. dem Zeitsparen als einem strategischen Instrument zur Erzielung von Wettbewerbsvorteilen kommt bei der Formulierung der Wettbewerbsstrategie eines Unternehmens wachsende Bedeutung zu /1.3, 1.4, 1.5, 1.6/.

Durch kurze Produktdurchlaufzeiten von der Produktidee bis zum lieferbaren Produkt lassen sich Wettbewerbsvorteile erringen. Die Wettbewerber jagen sich in aller Regel, und dies entspricht dem strategischen Ansatz der Kostenführerschaft, entlang der Kostenkurve.

Wenn ein Wettbewerber mit einem vergleichbaren Produkt früher auf dem Markt ist als andere Wettbewerber, kann er diesen Zeitvorteil über die früher einsetzende Erfahrung in einen entsprechenden Kostenvorteil umsetzen. Insbesondere in solchen Branchen, in denen der Anteil qualifizierter Arbeitsvorgänge hoch ist, lassen sich die Stückkosten von Produkten durch die Kumulierung von Erfahrung senken (Bild 1.2) /1.1, 1.5/.

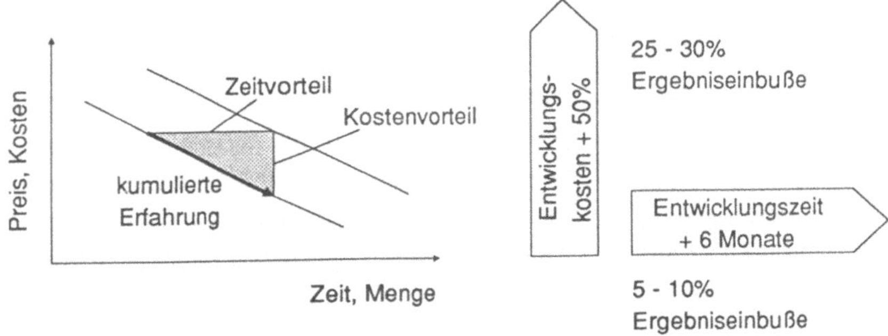

Bild 1-2: *Zeit als Produktionsfaktor /1.5/*

Dieser Effekt läßt sich vereinfacht an der Erfahrungskurve verdeutlichen, die besagt, daß sich die Kosten bei jeder Verdoppelung der Menge (kumulierte Erfahrung) um ca. 20 bis 30 % senken lassen. Bei Produkten mit relativ kurzen Lebenszyklen können sich Verzögerungen bei der Markteinführung durch eine Verlängerung der Entwicklungszeit um 6 Monate in einer Ergebniseinbuße von ca. 25-30% auswirken. Dagegen hat eine Erhöhung der Entwicklungskosten um 50% nur eine Ergebniseinbuße von 5-10% zur Folge /1.5/.

Ein schneller Markteintritt kann zur Vergrößerung bestehender Marktanteile bzw. zur Sicherung des bestehenden Marktanteiles gegen Wettbewerber beitragen. Schneller Markteintritt kann die Preisempfindlichkeit von Kunden reduzieren. Durch einen früheren Markteintritt gewonnene erfahrungsbedingte Kostensenkungen sind von Wettbewerbern, trotz häufiger Abnahme der Kostendegression während des Produktlebenszyklusses, vielfach kaum aufzuholen. Zeitsparen verbessert die Wettbewerbssituation hinsichtlich möglicher Marktanteile und auch hinsichtlich der Kostensituation.

1.3 Wettbewerbsvorteile durch Verbesserung der Produktionsstrategie

Die Produktionsstrategie eines Unternehmens beeinflußt die Kosten für die Produktherstellung ebenso wie die Produktqualität, die Zeit bis zur Fertigstellung des Produktes und die Flexibilität des Produktionsprozesses. Viele Unternehmen sind heute in hohem Maße von arbeitsteiligen Strukturen, die in der Vergangenheit im Zeitalter der Massenfertigung entstanden sind, geprägt /1.2, 1.5, 1.6/.

Die Idee der Arbeitsteilung verfolgt das Ziel, kleine Teilaufgaben zu bilden, die dann durch Spezialisten besser und wirtschaftlicher gelöst werden können /1.8/. Durch eine immer feinere Unterteilung können Teilaufgaben schließlich mechanisiert bzw. automatisiert werden. Mechanisierung und Automatisierung haben damit das Prinzip der Arbeitsteilung konsequent weitergeführt und immer bessere Lösungen von begrenzten Teilaufgaben geschaffen.

Mit dem Aufkommen der modernen Rechnertechnik sind neue Hilfsmittel zur Automatisierung von Tätigkeiten entstanden. Die Entwicklung dieser Rechnerhilfsmittel orientierte sich dabei an den jeweiligen Aufgaben der einzelnen Mitarbeiter oder Abteilungen. Für arbeitsteilige Strukturen wurden entsprechende rechnergestützte Hilfsmittel geschaffen /1.9/. Die Einführung der jeweils aufgabenorientierten Hilfsmittel in den einzelnen Abteilungen der Unternehmen führte in der Vergangenheit zu einer zwar rechnerunterstützten, aber dennoch konsequenten Arbeitsteiligkeit in der technischen Auftragsabwicklung.

Hohe Arbeitsteiligkeit und mangelnde Synchronisation der Vorgänge führen zu erheblichen Effektivitäts- und Zeitverlusten. Durch die strikte Trennung einzelner Funktionen der Auftragsabwicklung wird eine Synchronisation der vielfach sequentiell aufeinander folgenden Tätigkeiten erschwert. Grunddaten werden in den verschiedenen Unternehmensbereichen wiederholt generiert. Lange Auftragsdurchlaufzeiten sind die Folge.

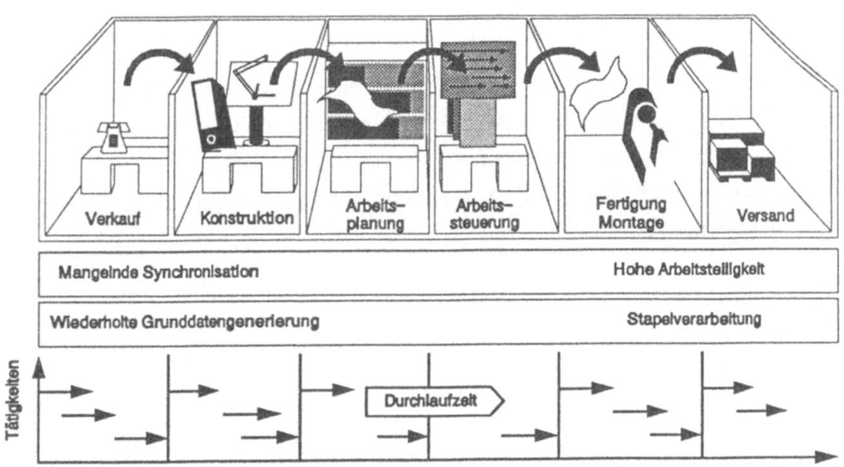

Bild 1-3: *Schwachstellen der heutigen Auftragsabwicklung /1.5/*

Möglichkeiten zur Verbesserung dieser Situation ergeben sich durch eine an den strategischen Gesamtzielen des Unternehmens ausgerichtete Produktionsstrategie. Der Einsatz geeigneter Hilfsmittel, die beispielsweise eine Vermeidung wiederholter

Grunddatengenerierung erlauben, stellt einen Ansatz dar. Darüber hinaus gilt es, unterstützt durch entsprechende Hilfsmittel, organisatorische Möglichkeiten zur Beschleunigung betrieblicher Abläufe auszuschöpfen. Eine Optimierung der Produktionsstrategie unter dem Gesichtspunkt Zeitsparen ist ein wirkungsvoller Ansatz zur Erzielung von Wettbewerbsvorteilen.

1.4 Ziele der Arbeit

Ziel der Arbeit ist es, einen Ansatz zur Aufhebung der arbeitsteiligen Strukturen im Fertigungsvorfeld unter der Zielsetzung "Zeitsparen bei der Auftragsabwicklung" aufzuzeigen. Ausgangspunkt der Arbeit ist eine Analyse der Tätigkeiten und der derzeit in Konstruktion und Arbeitsplanung verfügbaren rechnergestützten Hilfsmittel. Die verfügbaren Hilfsmittel werden insbesondere im Hinblick auf die Möglichkeiten zur datentechnischen Integration untersucht und bewertet.

Aufbauend auf der Situationsanalyse werden Anforderungen an ein Arbeitsplanungssystem formuliert. Die definierten Anforderungen werden für verschiedene Aufgaben bzw. Funktionen der Arbeitsplanung realisiert. Wichtiger Bestandteil beim Aufbau des Arbeitsplanungssystems ist die Entwicklung von Methoden zur Benutzerführung und Benutzerunterstützung.

2. Situationsanalyse in Konstruktion und Arbeitsvorbereitung

2.1 Stellung der Konstruktion und Arbeitsvorbereitung in der technischen Auftragsabwicklung

Die technische Auftragsabwicklung schließt diejenigen Unternehmensbereiche ein, die, ausgehend von der Erteilung des Konstruktionsauftrages bis zur Fertigmontage, an der Herstellung eines Produktes beteiligt sind /2.1, 2.2/. Insbesondere in Unternehmen mit auftragsgebundener Fertigung nehmen Konstruktion und Arbeitsvorbereitung eine zentrale Stellung ein (Bild 2.1).

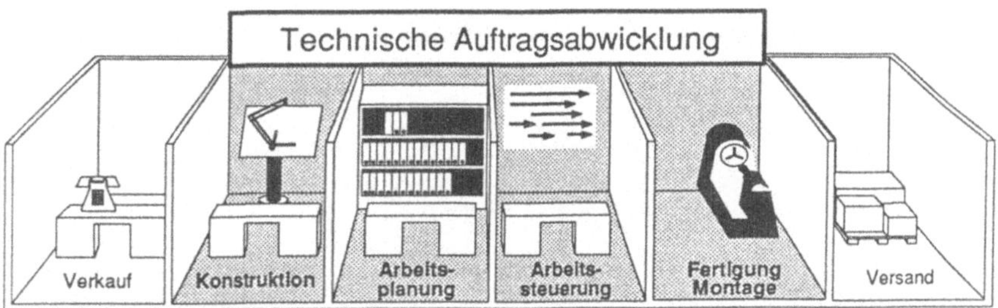

Bild 2-1: *Unternehmensbereiche der technischen Auftragsabwicklung*

In der Konstruktion werden technische Produktlösungen hinsichlich ihrer Funktion, ihrer Gestalt und ihres Werkstoffes entwickelt. Die Arbeitsvorbereitung als Bindeglied zwischen der Konstruktion und Fertigung besteht aus den Teilbereichen der Arbeitsplanung und Arbeitssteuerung. Zu den Aufgaben der Arbeitsplanung gehören neben der Umsetzung der Produktinformationen in Produktionsinformationen auch die langfristigen Tätigkeiten der Arbeitssystemplanung. Die Arbeitssteuerung umfasst die Tätigkeiten, die für eine der Arbeitsplanung entsprechende Auftragsabwicklung erforderlich sind /2.1, 2.3, 2.4, 2.5/.

Die Arbeitssteuerung übernimmt die Aufgaben der termin-, kapazitäts- und mengenbezogenen Steuerung der Fertigungs- und Montageprozesse /2.4/. Sie ist nicht an der

Produktentwicklung im Sinne der Geometrie- und Technologiedatenverarbeitung beteiligt. Auch ist der Einfluß der Arbeitssteuerung auf die Auftragsdurchlaufzeiten im Fertigungsvorfeld - im Sinne von Verweilzeiten eines Auftrages innerhalb des Bereichs Arbeitssteuerung - im Vergleich zu den Bereichen der Konstruktion und Arbeitsplanung, vernachlässigbar /2.6, 2.7/. Daher werden im folgenden lediglich die Bereiche der Konstruktion und der Arbeitsplanung betrachtet.

Gemeinsamkeiten von Konstruktion und Arbeitsplanung ergeben sich aus der Ausrichtung der Tätigkeiten auf das Bauteil (Bild 2.2).

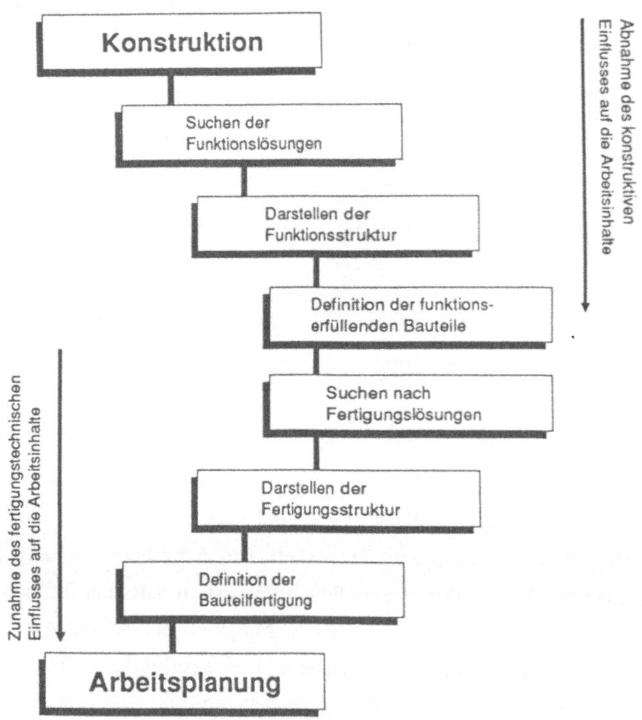

Bild 2-2: *Arbeitsinhalte in Konstruktion und Arbeitsplanung /2.3/*

Während die Vorgänge des Konstruierens die Entwicklung und Gestaltung der Produktinformationen zum Ziel haben, wird in der Arbeitsplanung die technologische Realisierung der Wandlung von Rohteilen in Fertigteile vorbereitet /2.3, 2.4/.

2.2 Tätigkeiten und Hilfsmittel in der Konstruktion

2.2.1 Tätigkeiten in der Konstruktion

Die Tätigkeiten in der Konstruktion bzw. der Konstruktionsprozeß stellen einen Spezialfall eines allgemeinen Lösungsprozesses dar /2.3/. Dabei ist der allgemeine Lösungsprozeß ein Ablauf von verschiedenen Entscheidungs- und Arbeitsschritten, der von der abstrakten Problembeschreibung immer konkreter zu einer Problemlösung führt. Im Konstruktionsprozeß werden Funktionslösungen gesucht und als Funktionsstruktur durch Vorschriften zu ihrer materiellen Realisierung dargestellt und dokumentiert /2.3, 2.5, 2.9/.

Da während des Konstruktionsprozesses qualitativ verschiedene Problemschwerpunkte auftreten, wurden in Richtlinien, ausgehend von verschiedenen Konzepten zur methodischen Vorgehensweise in der Konstruktion, Arbeitsabläufe definiert. Diese Arbeitsabläufe orientieren sich an konventionellen Arbeitsweisen und beinhalten die Konstruktionsphasen Konzipieren, Entwerfen und Ausarbeiten /2.8/.

Abgeleitet von dieser Definition der Abläufe beim Konstruieren werden in der VDI-Richtlinie 2210 im Hinblick auf die Unterstützung der jeweiligen Tätigkeiten durch rechnergestützte Hilfsmittel die vier Konstruktionsphasen Funktionsfindungs-, Prinziperarbeitungs-, Gestaltungs- und Detaillierungsphase unterschieden (Bild 2.3) /2.9/.

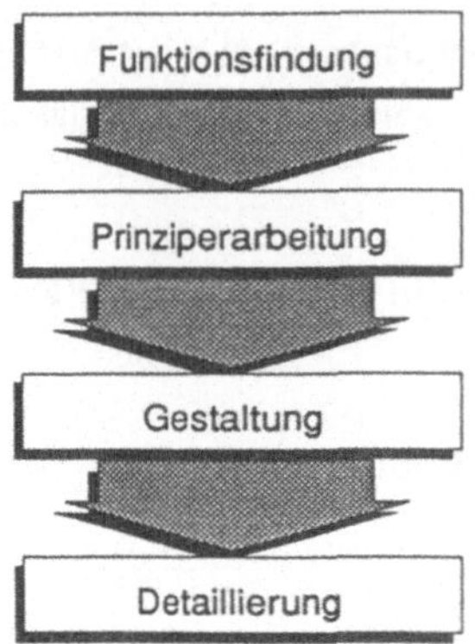

Bild 2-3: *Konstruktionsphasen /2.9/*

Die Funktionsfindungsphase wird als Aufteilung einer komplexen Konstruktionsaufgabe in Teilfunktionen mit jeweils logischen Zusammenhängen zwischen den einzelnen Teilfunktionen beschrieben. Das Ergebnis der Funktionsfindung ist die Funktionsstruktur einer Produktidee.

Die Zuordnung technischer bzw. physikalischer Lösungsprinzipien zu den in der Phase der Funktionsfindung definierten Teilfunktionen erfolgt in der Prinziperarbeitungphase. Die Zusammenfassung verschiedener Teillösungsprinzipien führt zu unterschiedlichen Problemlösungskonzepten, von denen eine geeignete Lösung ausgewählt wird.

Die Gestaltungsphase ist zunächst gekennzeichnet durch die Festlegung von geometrischen und technologischen Daten für die ausgewählte Problemlösung. In dieser Konstruktionsphase werden technische Berechnungen durchgeführt und konkrete Gestaltungsrichtlinien bei der Konstruktion berücksichtigt. Ein Entwurf des Produktes steht am Ende der Gestaltungsphase.

In der letzten Phase des Konstruktionsprozesses wird der Produktentwurf detailliert. Die vollständige technische Beschreibung und Dokumentation des Entwurfes wird in dieser Konstruktionsphase sichergestellt.

Ablaufanalysen in verschiedenen Unternehmen zeigen, daß sequentielle Arbeitsweisen im Sinne der verschiedenen Phasen des methodischen Konstruierens häufig anzutreffen sind. Während die Phasen der Funktionsfindung und Prinziperarbeitung häufig miteinander verschmelzen, sind insbesondere die Phase der Gestaltung bzw. des Entwerfens und die Phase der Detaillierung bzw. der exakten technischen Ausarbeitung häufig streng getrennt. Die Detaillierung eines Entwurfes in Form der endgültigen und vollständigen Bemaßung sowie die vollständige Festlegung von technologischen Angaben stellt i.allg. die letzte Tätigkeit der Konstruktion dar. Insgesamt ergibt sich in vielen Unternehmen innerhalb der Konstruktion ein mehrstufiger, mit datentechnischen und organisatorischen Schnittstellen verbundener Ablauf /2.10, 2.11/.

2.2.2 Rechnergestützte Hilfsmittel in der Konstruktion

Als rechnergestützte Hilfsmittel zur Durchführung von Konstruktionen dienen CAD-Systeme. Mit CAD-Systemen können beispielsweise Aufgaben des Berechnens, des Gestaltens, der Zeichnungserstellung oder der geometrischen Modellierung durchgeführt werden. Ausgehend von einem realen räumlichen Modell oder einer entsprechenden Vorstellung des Konstrukteurs, wird das zu konstruierende Objekt am CAD-System durch eine entsprechende Formalisierung und Abbildung im Rechner in Form einer rechnerinternen Darstellung abgebildet /2.3/.

Im Hinblick auf die datentechnische Integration stehen weniger die Arbeitstechniken an CAD-Systemen als vielmehr die unterschiedlichen rechnerinternen Datenmodelle der derzeit verfügbaren Systeme im Vordergrund des Interesses. Deshalb seien im folgenden nur einige wesentliche Eigenschaften der derzeit verfügbaren Datenmodelle von CAD-Systemen genannt.

Grundsätzlich kann zur Abbildung von Geometrie- und Technologiedaten zwischen 2D- und 3D-Datenmodellen unterschieden werden. Zweidimensionale Systeme dienen im wesentlichen der Zeichnungserstellung. Sie sind zur Darstellung beliebiger Teilespektren in Schnitten und Bauteilansichten geeignet. Einen Übergang zur 3D-Modellierung bilden die sogenannten 2 1/2D-Modelle. Hierbei wird, ausgehend von einer 2D-Darstellung, durch Translation oder Rotation eine einfache räumliche Darstellung, die in eingeschränktem Umfang perspektivische Zeichnungen erlaubt, erzeugt /2.3, 2.13/.

3D-Drahtmodelle stellen Bauteile lediglich durch Konturen und Punkte dar. Informationen bezüglich begrenzender Flächen können nicht erzeugt werden. Die Darstellung von Bauteilen im 3D-Kantenmodell ist meist nicht eindeutig /2.3, 2.12, 2.13/. Auch besteht beispielsweise keine Möglichkeit, flächenorientierte Bearbeitungsangaben zu definieren. Die 3D-Kantenmodelldarstellung von Werkstücken eignet sich deshalb im Hinblick auf die Weiterverarbeitung von in der Konstruktion erzeugten Datenmodellen nur bedingt.

Zur Nutzung der rechnerinternen Informationen in den der Konstruktion nachgelagerten Unternehmensbereichen der Arbeitsplanung und Fertigung eignen sich insbesondere flächen- oder volumenorientierte Modelle /2.3, 2.13/.

Die flächenorientierte Beschreibungsmethode stellt die Oberfläche eines Körpers durch Flächen dar. Flächen entstehen durch die sie begrenzenden Konturen. Gekrümmte Flächen werden durch Polynom-Interpolationen bzw. Approximationen dargestellt. Normalenvektoren für Flächen sind ermittelbar, jedoch ist die Zuordnung der Flächen zu einem Volumen nicht Bestandteil der Flächenmodelldarstellung. Durch die uneinheitliche Orientierung der Flächennormalen liegen im Flächenmodell Informationen über die Lage des Werkstoffes bezüglich der Körperflächen in der Regel nicht vor /2.12, 2.13/.

3D-Volumenmodelle erlauben die vollständige Erfassung der Gestalt beliebiger Bauteile. Sie stellen die vollständigste Beschreibungsmethode dar. Neben der Beschreibung der umhüllenden Fläche erfolgt eine Unterscheidung von Raumpunkten hinsichtlich ihrer Lage zum Objekt nach innen- und außenliegenden Punkten. Die ein Objekt begrenzenden Flächen werden unter Beachtung ihrer geometrischen Nachbarschaftsbeziehungen zu einem Volumen zusammengefaßt. Dieses vollständigste Datenmodell stellt die größten Anforderungen im Hinblick auf die abzuspeichernden Datenmengen /2.3, 2.13/.

Abgesehen von branchenspezifischen Ausprägungen oder auch der jeweiligen Betriebsgröße hat die Verbreitung von CAD-Systemen in der Industrie inzwischen ein ansehnliches Ausmaß erreicht. Wenngleich in jüngster Zeit der Anteil der flächen- oder volumenorientierten Systeme, die komplexe geometrische Formgebungen erlauben, tendenziell zunimmt, sind die meisten der heute eingesetzten CAD-Systeme noch 2D- oder 2 1/2D-Systeme. Deren Haupteinsatzgebiete liegen in der Zeichnungserstellung bzw. Detaillierung /2.3, 2.14, 2.20/.

Ein Kennzeichen vieler heute verfügbarer und eingesetzter CAD-Systeme ist die besondere Betonung zeichnungsorientierter Gesichtspunkte bei der Darstellung der Geometrie und Topologie eines zu fertigenden Werkstückes. Schwachstellen weisen die meisten der Systeme insbesondere im Hinblick auf die Möglichkeiten zur Technologiedatenverarbeitung auf. Toleranzen, Güte- und Qualitätsangaben sind meist nicht logisch mit den Geometriemodellen verknüpft und können zur Weiterverarbeitung nicht ohne die erneute Datengenerierung genutzt werden /2.14, 2.16, 2.17, 2.18/.

2.3 Tätigkeiten und Hilfsmittel in der Arbeitsplanung

2.3.1 Arbeitssystem- und Arbeitsablaufplanung

Zur Unterscheidung der Tätigkeiten in der Arbeitsplanung lassen sich verschiedene Kriterien anführen /2.2, 2.4/. Für die Betrachtungen im Zusammenhang mit der technischen Auftragsabwicklung in Unternehmen werden die Aufgaben der Arbeitsplanung im folgenden in die der Arbeitssystem- und die der Arbeitsablaufplanung gegliedert (Bild 2.4).

Zu den Aufgaben der Arbeitssystemplanung gehören die Planung und Entwicklung geeigneter Maßnahmen für die wirtschaftliche Gestaltung und Auslegung der Bereiche der Fertigung und Montage /2.4/. Beispielsweise sind Tätigkeiten im Bereich der Investitions- und Methodenplanung Aufgaben der Arbeitssystemplanung.

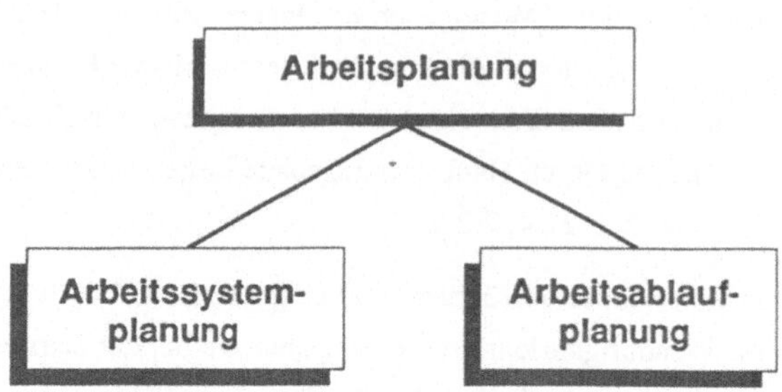

Bild 2-4: *Gliederung der Aufgaben der Arbeitsplanung*

In den Unternehmensbereichen der Arbeitssystemplanung hat die Optimierung der Arbeitsergebnisse gegenüber einer zeitlichen Verkürzung der jeweiligen Tätigkeiten größere Bedeutung. So ist beispielsweise in der Investitionsplanung die Genauigkeit der Ergebnisse oder die Entwicklung geeigneter Berechnungsverfahren für neue Technologien erheblich wichtiger als eine Verkürzung der Zeit, die für die Berechnung benötigt wird /2.2/.

Die Tätigkeiten der Arbeitssystemplanung beeinflussen die Rahmenbedingungen für die technische Auftragsabwicklung in Unternehmen, sind jedoch meist an der technischen Auftragsabwicklung nicht unmittelbar beteiligt. Sie werden deshalb im folgenden nicht weiter betrachtet.

In Unternehmen mit auftragsgebundener Fertigung liegt das Schwergewicht der Tätigkeiten im Bereich der Arbeitsablaufplanung. Untersuchungen in verschiedenen Unternehmen unterschiedlicher Branchen ergaben, daß etwa 70%- 80% aller Arbeitsplanungstätigkeiten in den Bereich der Arbeitsablaufplanung fallen /2.6, 2.7, 2.17, 2.19/.

Wesentliches Ziel der Arbeitsablaufplanung ist die Umsetzung der Produktinformationen aus der Konstruktion in Produktionsinformationen für die Fertigung und Montage (Bild 2.5). Planungsvorbereitung, Stücklistenverarbeitung, Arbeitsplanerstellung, Programmierung und Fertigungsmittelplanung sowie Qualitäts- und Kostenplanung sind wesentliche Aufgabenbereiche der Arbeitsablaufplanung.

Bild 2-5: *Aufgabenbereiche der Arbeitsablaufplanung /nach 2.4/*

Stücklisten und Konstruktionszeichnungen sind die wichtigsten Eingangsdaten in die Arbeitsablaufplanung. Im Rahmen der Planungsvorbereitung werden die in der Konstruktion erstellten Zeichnungen und Stücklisten hinsichtlich einer fertigungs- und montagegerechten Ausführung überprüft. Die für die Arbeitsplanerstellung erforderlichen Planungsunterlagen werden im Rahmen der Planungsvorbereitung zusammengestellt. Die Stücklistenauflösung gibt Aufschluß darüber, welche Werkstücke im eigenen Unternehmen geplant und gefertigt und welche als vorhandenene oder zu bestellende Werkstücke für die Endmontage zu berücksichtigen sind. Aufgabe der Stücklistenverarbeitung ist es, aus den funktional strukturierten Konstruktionsstücklisten herstellungsbezogene Stücklisten abzuleiten.

Wesentliche Aufgaben der Betriebsmittelplanung sind die Konstruktion und Entwicklung eventuell notwendiger Sonderwerkzeuge oder Vorrichtungen. Die Kostenplanung übernimmt in der Regel die Vorkalkulation, Überwachung und abschließende

Ermittlung der bei der Produktherstellung anfallenden Kosten. Die Erstellung von Prüfplänen findet heute vielfach im Rahmen der Arbeitsplanerstellung statt. Dabei werden meist textuelle Anweisungen zu Prüfvorgängen in den Arbeitsplan geschrieben.

Im folgenden wird auf die Tätigkeiten und Hilfsmittel in der Arbeitsplanerstellung und Programmierung besonders eingegangen. Innerhalb der Prozeßkette der Geometrie- und Technologiedatenverarbeitung schließen sich die Arbeitsplanerstellung und die Programmierung unmittelbar an die Konstruktion an. Arbeitsplanerstellung und NC-Programmierung bestimmen maßgeblich die zur Auftragsabwicklung in der Arbeitsvorbereitung notwendige Zeit /2.20, 2.21, 2.67/.

2.3.2 Tätigkeiten und Hilfsmittel bei der Arbeitsplanerstellung

2.3.2.1 Tätigkeiten bei der Arbeitsplanerstellung

Die Arbeitsplanerstellung hat das Ziel, die logische und wirtschaftliche Reihenfolge der Bearbeitungsschritte zu planen und zu formulieren, um ein Werkstück von einem Ausgangszustand in einen vorgesehenen Endzustand zu überführen /2.4/. Bei der Beschreibung der Tätigkeiten in der Arbeitsplanerstellung wird im folgenden zunächst nach der Planungsart (Bild 2.6) unterschieden.

Bei der Wiederholteilplanung werden durch Ergänzung bzw. Modifikation von auftragsabhängigen Daten aus bestehenden Arbeitsplänen aktuelle Arbeitspläne erzeugt. Bei der Variantenplanung werden aus Standardarbeitsplänen spezielle Arbeitspläne erzeugt. Kennzeichen der Variantenplanung ist, daß nur innerhalb einer Variantenklasse, hierbei handelt es sich meist um eine Teilefamilie, Planungen durchgeführt werden /2.22/. Ähnlichkeitsplanungen gehen von bestehenden Arbeitsplänen aus und führen eine Anpassung der Planungsaufgabe durch Zufügen, Ändern und Löschen von Arbeitsgängen durch /2.5, 2.22/.

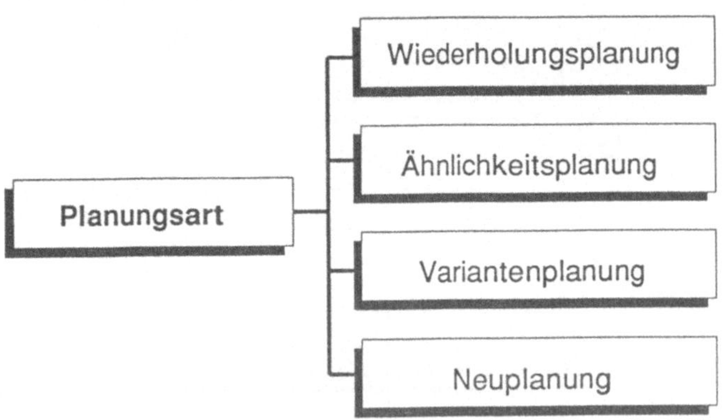

Bild 2-6: *Planungsarten*

Wiederhol-, Varianten- und Ähnlichkeitsplanungen zeichnen sich dadurch aus, daß die Planung auf der Basis vorhandener Planungsergebnisse, meist in Form alter Arbeitspläne ähnlicher Teile, durchgeführt wird. Fragen der Verwaltung von Arbeitsplänen sowie der Klassifizierung von Werkstücken sind hierbei von großer Bedeutung. Im Gegensatz dazu stellen für Neuplanungen nicht alte Planungsergebnisse, sondern neue Planungsunterlagen in Form von Zeichnungen und Stücklisten die wichtigste Arbeitsgrundlage dar.

Neuplanungsaufgaben erfordern bei der Arbeitsplanerstellung meist ein Durchlaufen aller Tätigkeiten. Deshalb stellen sie aus technischer und aus zeitlicher Hinsicht die größten Anforderungen sowohl an die Mitarbeiter als auch an die Hilfsmittel. In Bild 2.7 sind die Tätigkeiten bei der Arbeitsplanerstellung und häufig eingesetzte Planungsunterlagen dargestellt.

Die Interpretation der Werkstückzeichnung ist Ausgangspunkt für alle weiteren Tätigkeiten. Der Bestimmung des Ausgangsteils schließt sich die Festlegung der Arbeitsvorgangsfolgen an. Die Arbeitsvorgangsbestimmung wird vom Arbeitsplaner anhand der Werkstückzeichnung unter Berücksichtigung der vorhandenen Fertigungsverfahren bzw. -mittel durchgeführt.

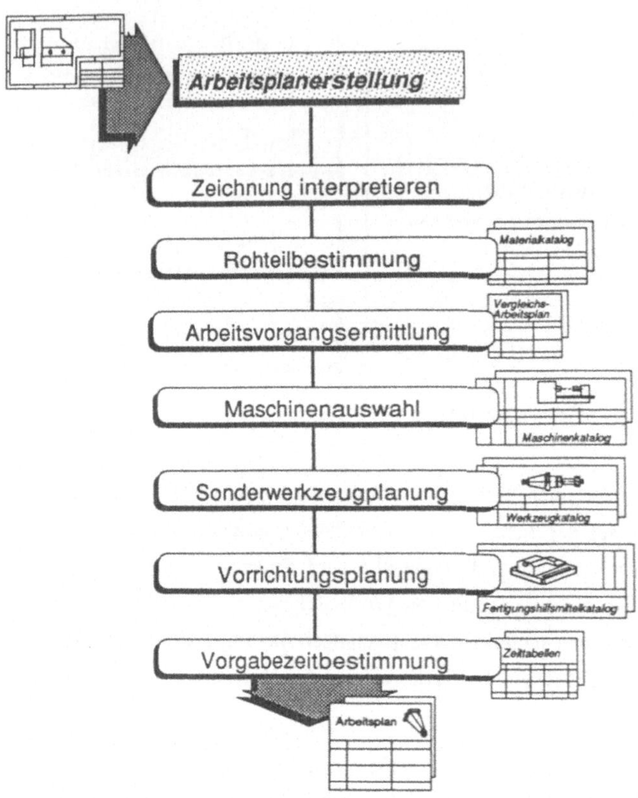

Bild 2-7: *Tätigkeiten bei der Arbeitsplanerstellung*

Bei der Arbeitsvorgangsbestimmmung werden die jeweils notwendigen Maschinen ausgewählt und Fertigungshilfsmittel zugeordnet. Die Planung der für die verschiedenen Bearbeitungsschritte einzusetzenden Maschinen erfordert auch die Auswahl und Bestimmung geeigneter Vorrichtungen. Sind Vorrichtungen nicht vorhanden oder nicht aus Spannbaukästen konfigurierbar, wird die Konstruktion oder Beschaffung dieser Betriebsmittel vom Arbeitsplaner veranlaßt. Wenngleich die Ermittlung der Vorgabezeiten für die jeweiligen Arbeitsvorgänge in vielen Unternehmen im Anschluß an die Arbeitsplanerstellung durchgeführt wird, gehört sie inhaltlich zur Arbeitsplanerstellung. Die Vorgabezeitermittlung dient als Grundlage für die Kostenrechnung, Entlohnung, Termin- und Kapazitätsplanung /2.3, 2.4, 2.20, 2.22/.

Ergebnis der aufgeführten Tätigkeiten bei der Arbeitsplanerstellung ist ein i.allg. auftragsneutraler Arbeitsplan. Im Unterschied zu auftragsbezogenen enthalten auftragsneutrale Arbeitspläne keine Angaben zu Stückzahlen, Terminen und Auftragsnummern. Bild 2.8 zeigt einen typischen Arbeitsplan, wie er in ähnlicher Form in vielen Unternehmen anzutreffen ist.

Sachnummer *201 460 2302*	Benennung *Lenkgehäuse*	Werkstoff *G-Al-Si 7*	Seite *1*
Zeichnungsnummer *201 460 2302*	Zeichnungsstand *17.02.1990*	Modell / Gesenknr.	Datum *30.05.1990*
Arbeitsplaner *Linner*	Bemerkungen *Unterschied zwischen 2702 und 2302: Sand- / Kokillenguß*		

AFO	Masch.-gruppe	TR	LG	TE	Arbeitsvorgangsbeschreibung
005	*PEPR*	*5*	*5*	*5*	*Rohteil prüfen*
010	*AN04*	*90*		*0*	*Austasten und Anreißen zum Fräsen und Bohren, 1. Teil komplett*
025	*FR05*	*210*		*30*	*Mittlere Ansicht: Flanschtrennfläche vor- und fertigfräsen;* *Justierbohrungen D12 H7 bohren, ausdrehen und reiben*
045	*NC25*	*710*		*150*	*1. Aufspanung: Vorrichtung VV0055VS01 (Paßlöcher D12)* *Mittlere Ansicht, untere Ansicht Schnitt H-H* *Stirnseite Lenkwellenbohrung mit 0,5 mm Zugabe planen;* *Kernlöcher für M12 x 1,5 bohren* *4 Gewinde M12 x 1,5 schneiden, fasen Schnitt L-L* *4 x Kernloch M8, Geschwindeschneiden, Schutzsenken* *Schnitt A-A, Einzelheit Y* *Spielausgleichsbohrung, bohren, reiben und fertig ausdrehen.*

Bild 2-8: *Typischer Arbeitsplan*

Die in einem Arbeitsplan enthaltenen Informationen können in zwei Datengruppen gegliedert werden:

- allgemeine und sachabhängige Angaben zur eindeutigen Kennzeichnung des Arbeitsplanes und zur Beschreibung des Ausgangs- und des Endzustandes eines Teiles

- arbeitsvorgangsabhängige Angaben zur detaillierten Kennzeichnung der einzelnen Arbeitsschritte

Eine eindeutige Zuordnung des Arbeitsvorganges zum Arbeitsplatz ist für die Termin- und Kapazitätsplanung oder den innerbetrieblichen Transport erforderlich. Sie erfolgt über die Angabe der Kostenstelle. Informationen zu Lohngruppe, Rüst- und Stückzeit je Arbeitsvorgang werden ebenfalls zur Termin- und Kapazitätsplanung sowie zur Entlohnung herangezogen. Diese nicht technologischen Angaben im Arbeitsplan stellen die Verbindung zu den dispositiven / organisatorischen Unternehmensbereichen dar.

Die Arbeitsvorgangsbeschreibungen werden zeilenweise in der technologisch richtigen Reihenfolge aufgelistet. Textuelle Beschreibungen der Arbeitsvorgänge, deren Reihenfolge und der jeweils einzusetzenden Fertigungseinrichtungen und Fertigungshilfsmittel, kennzeichen heutige Arbeitspläne. Meist sind sowohl Arbeitsvorgangsbeschreibungen für Handarbeitsplätze als auch für konventionelle und CNC-gesteuerte Fertigungseinrichtungen sowie für Prüfvorgänge enthalten.

In den Arbeitsplänen sind i.allg. keinerlei geometrische Informationen enthalten. Geometrische Angaben beschränken sich auf einen entsprechenden Verweis auf die der Arbeitsplanerstellung zugrundegelegte Zeichnung /2.4, 2.24, 2.25, 2.26/. So ist beispielsweise die Zuordnung der Arbeitsplaninformation "4 Gewinde M12 x 1,5 schneiden" zur entsprechenden Geometrie allenfalls über die Angabe eines Schnittes oder die Spezifikation der entsprechenden Planquadrate in der technischen Zeichnung möglich.

2.3.2.2 Rechnergestützte Hilfsmittel für die Arbeitsplanerstellung

Zur rechnerunterstützten Arbeitsplanerstellung existieren unterschiedliche Lösungen. Eine Einteilung der Systeme kann anhand der unterschiedlichen Ausprägungen verschiedener Kennzeichen von Arbeitsplanungssystemen (Bild 2.9) durchgeführt werden /2.27/.

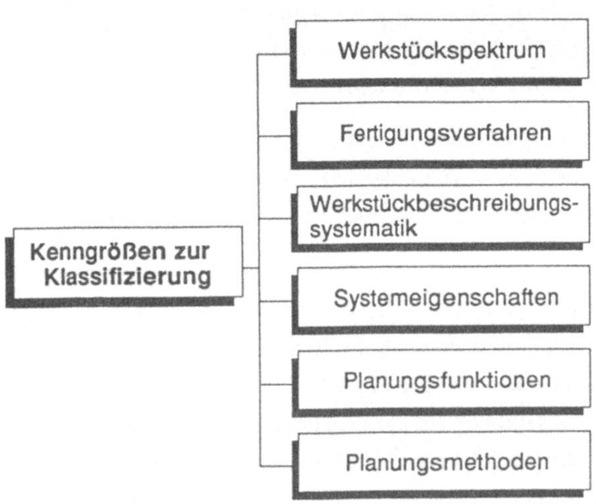

Bild 2-9: *Kenngrößen zur Klassifizierung von Arbeitsplanerstellungssystemen*

Arbeitsplanerstellungssysteme können für spezielle Teilespektren und spezielle Fertigungsverfahren ausgelegt sein. Verfahrensorientierte Systeme unterstützen bestimmte Bearbeitungsverfahren wie die Dreh- oder Bohrbearbeitung. Werkstückorientierte Systeme unterstützen den Arbeitsplanungsprozeß für alle Bearbeitungsverfahren der jeweils betrachteten Werkstückgruppe, wie sie beispielsweise Rotations- oder Blechteile darstellen /2.27, 2.28, 2.29/.

Hinsichtlich der Werkstückbeschreibungssystematik kann im wesentlichen zwischen der Eingabe eines vollständigen Werkstückmodells in das Arbeitsplanungssystem und der Methode der Eingabe von arbeitsplanspezifischen Beschreibungen der Bearbeitungsaufgabe unterschieden werden. Die verschiedenen Verfahren der Werkstückbeschreibung wie das Elemente-, Makro- oder Flächenverfahren unterscheiden sich sowohl in Beschreibungsaufwand und -flexiblität als auch nach dem planbaren Werkstückspektrum /2.21, 2.26, 2.27/.

Eine Klassifizierung von Systemen unter den Gesichtpunkten der Systemeigenschaften berücksichtigt primär die EDV-technische Sicht. Man unterscheidet hierbei, welche Programmiertechniken eingesetzt, welchen Umfang die Software oder welche programminternen Lösungsprinzipien eingesetzt werden. Auch anhand der unterschiedlichen Ausprägungen des Automatisierungsgrades bei einzelnen Funktionen der Arbeitsplanerstellung können Systeme unterschieden werden /2.21, 2.29, 2.30/.

Eine Klassifizierung der Systeme auf der Basis unterschiedlicher Planungsfunktionen oder Planungsmethoden, die unterstützt werden, ist ebenfalls möglich. So gibt es beispielsweise Systeme, die ausschließlich die Vorgabezeitermittlung unterstützen.

Die meisten der derzeit in Unternehmen eingesetzten Systeme zur Arbeitsplanerstellung sind in PPS-Systeme integrierte Module, die im wesentlichen die Wiederhol- und Ähnlichkeitsplanungen durch die Bereitstellung von Editier- und Verwaltungsfunktionen unterstützen. /2.15, 2.18, 2.29, 2.31, 2.32/. Diese "Arbeitsplanerstellungsmodule" sind, im Hinblick auf die Funktionalität der Arbeitsplanerstellung und nicht unter Berücksichtigung der sonstigen Funktionalitäten der PPS-Systeme, im wesentlichen als Textverarbeitungssysteme mit Datenbankunterstützung zu bezeichnen.

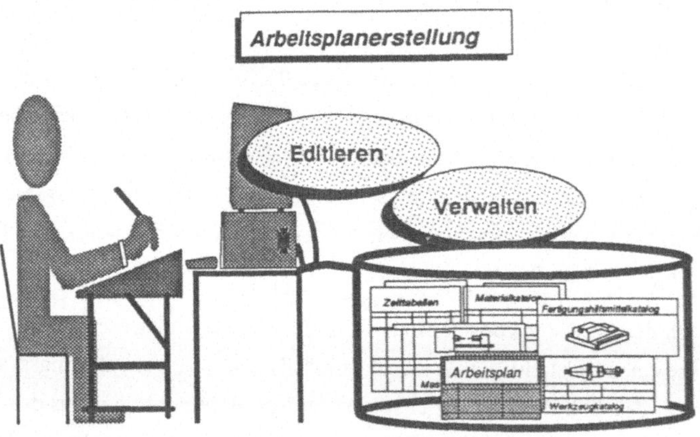

Bild 2-10: *Stand der Technik bei Systemen zur Arbeitsplanerstellung*

Die Erstellung der Arbeitspläne unterscheidet sich mit diesen Hilfsmitteln nur geringfügig von der manuellen Arbeitsweise. Werden bei der manuellen Arbeitsplanerstellung Karteien als Hilfsmittel benutzt, sind diese Unterlagen bei rechnergestützten Hilfsmitteln meist in Form von Dateien im Rechner abgebildet (Bild 2.10). Nach der Planung und Eingabe der Arbeitspläne am Bildschirm werden diese, im Gegensatz zur rein manuellen Arbeitsplanerstellung, im Rechner gespeichert und verwaltet. Ein Vorteil der Arbeitsplanerstellung am Rechner gegenüber der rein manuellen Planung ist die Möglichkeit, Arbeitsplandaten, die zur Produktionsplanung und -steuerung benötigt werden, ohne erneute Datengenerierung zu verwenden.

Durch den Einsatz von Softwarewerkzeugen, wie sie beispielsweise Entscheidungstabellensysteme darstellen, kann die Erstellung von Variantenarbeitsplänen innerhalb eines bestimmten Teilespektrums im Vergleich zu den obengenannten Systemen weitergehend unterstützt werden. Kennzeichen dieser Systeme ist, daß das zu planende Werkstückspektrum nach Fertigungsmerkmalen genau klassifiziert werden muß. Sind die festen Abhängigkeiten im Rechner gespeichert, kann für die spezifizierte Variante ein Arbeitsplan erzeugt werden /2.33/.

Die Notwendigkeit der genauen Klassifizierung des Werkstückspektrums machen diese Systeme jedoch im Hinblick auf die Planung eines sich ändernden Werkstückspektrums unflexibel. Auch ist die Festlegung einer genauen Planungslogik für komplexe Werkstücke, wie beispielsweise Bohr- und Frästeile, kaum durchführbar. Entscheidungstabellensysteme sind deshalb insbesondere für die Arbeitsplanung innerhalb eines nicht zu komplexen, sich wenig verändernden Teilespektrums geeignet /2.27, 2.34/.

Seit Anfang der 80-er Jahre wurden im wesentlichen durch verschiedene Hochschulen Arbeitsplanungssysteme vorgestellt, die erweiterte Funktionalitäten gegenüber den bisher erwähnten "Textverarbeitungssystemen mit Datenbankunterstützung" aufweisen. Um den Stand der Entwicklungen zu skizzieren werden einige typische Beispiele für Arbeitsplanerstellungssysteme, die auch Neuplanungsaufgaben unterstützen, kurz vorgestellt.

Im Bild 2.11 ist die prinzipielle Arbeitsweise dieser rechnergestützten Arbeitsplanungssysteme dargestellt. Bei den meisten Systemen handelt es sich um dialogorientierte Systeme. Alle Tätigkeiten, wie zum Beispiel die Festlegung der Arbeitsvorgangsfolgen, die Auswahl der Fertigungsmittel oder die Vorgabezeitermittlung werden interaktiv durchgeführt. Wesentliches Kennzeichen dieser Arbeitsplanungssysteme ist die Umsetzung der Zeichnungsinformation in eine spezielle Beschreibungssprache durch den Planer. Aufbauend auf der speziellen Werkstückbeschreibung lassen sich die verschiedenen Aufgaben im Rahmen der Arbeitsplanerstellung durchführen.

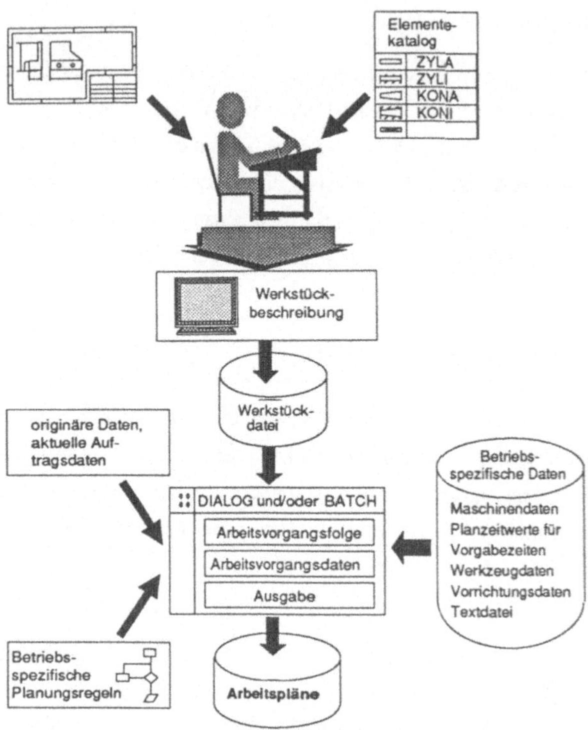

Bild 2-11: *Prinzip der rechnergestützten Arbeitsplanerstellung /nach 2.21, 2.29/*

Neben den rein dialogorientierten Systemen gibt es Lösungen, die bestimmte Arbeitsplanungsfunktionen automatisch durchführen. Ein werkstückorientiertes Arbeitsplanungssystem mit umfassenden Funktionalitäten und vergleichsweise hohem Automatisierungsgrad ist das System AUTAP /2.3, 2.21, 2.29, 2.41/. Mit AUTAP können auf der Basis von netzplanartigen, rechnerinternen Darstellungen automatische Arbeitsfolgeermittlungen durchgeführt werden. Nachteilig ist auch hier, daß Entscheidungsregeln zur Erstellung der Planungslogik für das zu planende Werkstückspektrum festzulegen sind /2.29/.

Weitere Arbeitsplanungssysteme, die Neuplanungen unterstützen, sind in der Regel für ein bestimmtes Produktspektrum oder bestimmte Bearbeitungsverfahren ausgelegt. So sind beispielsweise als verfahrensorientierte Systeme DREKAL oder TURN zu nennen /2.3, 2.27, 2.29, 2.30/.

Ein Einsatzhemmnis der genannten Systementwicklungen ist darin zu sehen, daß die Eingabe der Werkstückgeometrie als der eigentlichen Planungsgrundlage meist über spezielle Eingabemodule zu erfolgen hat. Die Umsetzung der Zeichnungsinformation in eine spezielle Werkstückbeschreibung mit Hilfe von Beschreibungssprachen auf der Basis von geometrischen Elementen stellt dabei die übliche Methode dar (siehe Bild 2.11) /2.21, 2.27, 2.28, 2.42/.

Arbeitsplanungssysteme, die diese Neugenerierung der Geometrie vermeiden und eine Übernahme der Geometrie aus CAD-Systemen erlauben, sind nicht Stand der Technik. Erst aus jüngster Zeit sind Entwicklungen in dieser Richtung bekannt /2.26, 2.39, 2.42/. Dabei werden zwei unterschiedliche rechnerinterne Beschreibungsmodelle - ein CAD-Datenmodell und ein CAP-Datenmodell - über einen Teil der Daten integriert (Bild 2.12).

In /2.3, 2.29, 2.31, 2.39/ wird das Arbeitsplanungssystem CAPSY beschrieben, das neben der direkten Eingabe der Werkstückgeometrie über geometrische Elemente auch die Übernahme der Werkstückbeschreibung aus dem CAD-System COMPAC über einen speziellen Koppelbaustein erlaubt. Formelemente für Bohrbearbeitungen werden beim Einlesen aus dem CAD-System COMPAC in das Arbeitsplanungssystem von einem Analysebaustein erkannt. Die Formelemente können dann mit Hilfe der Arbeitsplanungsfunktionen des Systems CAPSY, entweder im Dialog oder automatisch, in einen Arbeitsplan ausgegeben werden.

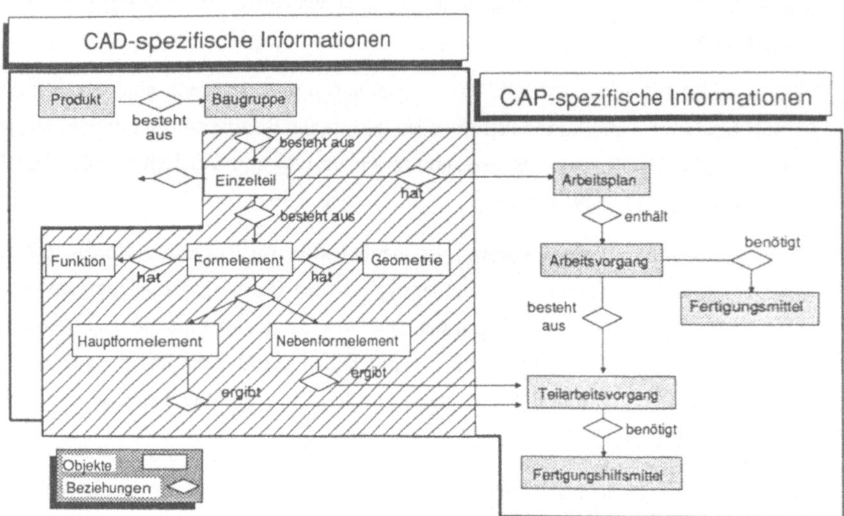

Bild 2-12: *Grobstruktur eines Datenmodelles /2.43/*

In /2.26, 2.43, 2.44/ wird ein Datenmodell beschrieben, das auf technischen Elementen basierende Werkstückbeschreibungen mit Planungsergebnissen verknüpft. Das Konzept stellt einen Ansatz zur systemtechnischen Realisierung des Produktmodellansatzes dar /2.81/. Für prismatische Werkstücke ist neben der speziellen Beschreibung der Bearbeitungsaufgabe im Arbeitsplanungssystem eine Übernahme der Werkstückgeometrie aus dem CAD-System DEMOS möglich /2.26/. Auch bei diesem Ansatz greifen die Funktionen des Arbeitsplanungssystems auf das speziell aufbereitete Datenmodell eines besonderen CAD-Systems zu /2.44/.

Gemeinsames Kennzeichen der beiden genannten Entwicklungen ist, daß eine spezielle, arbeitsplanungsgerechte Beschreibung des Werkstückes Voraussetzung für den Einsatz des Arbeitsplanungssystems ist /2.26, 2.39, 2.44, 2.81/. Wird keine spezielle Eingabesprache genutzt, sondern sollen CAD-Daten für die Arbeitsplanerstellung herangezogen werden, muß das CAD-Datenmodell eine spezielle Datenschnittmenge des CAP-Datenmodelles beinhalten /2.44, 2.81/. Bedingungen an das CAD-System bzw.

Anforderungen an die Konstruktionstätigkeit, beispielsweise durch die Forderungen nach Konstruktion mit speziellen Formelementen, werden gestellt.

Auch Ansätze zur Arbeitsplanerstellung auf der Basis wissensbasierter Systeme werden verfolgt. Im Gegensatz zur klassischen prozeduralen Datenverarbeitung stellen sie die Beschreibung der Aufgabenstellung und der Lösungstechniken in den Vordergrund und nicht die einzelne vorstrukturierte Lösung /2.64/. Wissensbasierte Systeme nutzen anwender- bzw. unternehmensspezifisches Wissen und führen Schlußfolgerungen unter kontrollierter Benutzerführung durch /2.35, 2.36, 2.37, 2.38, 2.39, 2.68/.

Wissensbasierte Systeme zur Arbeitsplanerstellung sind in der Lage, auch zuvor nicht genau spezifizierte Varianten zu planen. Sie sind damit den Entscheidungstabellensystemen i.allg. deutlich überlegen. Heute weisen diese Arbeitsplanungssysteme meist dann Schwachstellen auf, wenn es sich bei der Planung um komplexe, nicht leicht in Regeln zu fassende Aufgabenstellungen, wie bei prismatischen Werkstücken, handelt /2.34, 2.63/. Wissensbasierte Systeme fordern derzeit auch die erneute Werkstückbeschreibung in einer speziellen Eingabesprache, um mit der Arbeitsplanerstellung beginnen zu können. Ansätze zur Beseitigung dieser erneuten Datengenerierung sind in der Entwicklung neuer Werkstückbeschreibungsmethoden (Fertigungsfeatures) zu sehen /2.38, 2.40/.

Im Hinblick auf einen industriellen Einsatz, der über Speziallösungen oder Pilotprojekte hinausgeht, ist insbesondere auch die Benutzerfreundlichkeit der regelbasierten Systeme zu erhöhen. In /2.36/ wird ein Ansatz beschrieben, der durch die Integration der Systemprogrammierung und -anwendung diesbezüglich Verbesserungsmöglichkeiten aufzeigt.

Zusammenfassend kann festgestellt werden, daß Arbeitsplanungssysteme mit Funktionalitäten, die über die Textverarbeitung mit Datenbankunterstützung hinausgehen, industriell kaum verbreitet sind. In Bild 2.13 sind einige Hemmnisse, die einen industriellen Einsatz von Arbeitsplanerstellungssystemen behindern, aufgeführt /2.15, 2.28, 2.39, 2.45, 2.46, 2.47, 2.81/. Neben der mangelnden Anpassbarkeit sind insbesondere aufgrund nicht verfügbarer Module zur Übernahme der Werkstückgeometrie sowie den daraus resultierenden fehlenden Möglichkeiten zur Geometriedatenverarbeitung fast alle eingesetzten Arbeitsplanungssysteme von einer Integration in die Prozeßkette der Geometrie- und Technologiedatenverarbeitung ausgeschlossen. Damit ist die Möglichkeit zur Einbindung der Arbeitsplanung in Strukturen der rechnerintegrierten Produktion im Sinne von funktionaler, prozeßkettenorientierter Integration nicht gegeben.

Bild 2-13: *Einsatzhemmnisse bei Arbeitsplanerstellungssystemen*

2.3.3 Tätigkeiten und Hilfsmittel bei der NC-Programmierung

2.3.3.1 Tätigkeiten bei der NC-Programmierung

Wird für die Herstellung oder Prüfung eines Werkstückes bzw. für bestimmte Arbeitsvorgänge eine numerisch gesteuerte Maschine eingesetzt, müssen im Rahmen der NC-Programmierung die erforderlichen Steuerinformationen für die NC-Bearbeitungsmaschinen oder die Koordinatenmeßmaschinen erarbeitet werden.

Die Programmierung ist als die Detaillierung der Arbeitsplanung unter fertigungstechnischen oder meßtechnischen Gesichtpunkten zu interpretieren (Bild 2.14). Gemeinsames Kennzeichen der Programmierung von Bearbeitungs- und Meßmaschinen ist die Umsetzung der in der Zeichnung festgelegten Geometrie- und Technologieinformationen in entsprechende Steuerbefehle für die jeweilige Maschine.

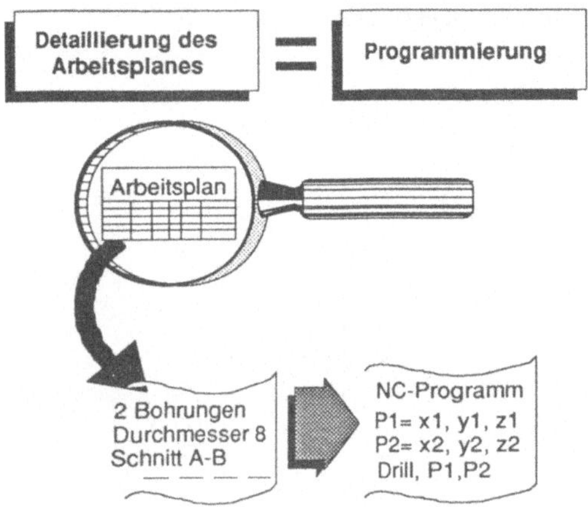

Bild 2-14: *Unterschiedlicher Detaillierungsgrad bei der Arbeitsplanerstellung und Programmierung*

Die Erstellung von NC-Programmen für Bearbeitungsmaschinen beschränkt sich auf die in den Arbeitsplänen definierten NC-Arbeitsgänge. Programme für Koordinatenmeßmaschinen unterliegen dieser Beschränkung nicht. Die Erstellung von Meßmaschinenprogrammen kann sich auch auf Arbeitsgänge, die auf konventionellen Fertigungseinrichtungen durchgeführt werden, erstrecken. Da die Abläufe und Tätigkeiten bei der Programmierung von Bearbeitungsmaschinen und Koordinatenmeßmaschinen sehr ähnlich sind, wird im folgenden auf eine getrennte Darstellung der Arbeitsabläufe und Hilfsmittel verzichtet.

Der prinzipielle Ablauf der Programmierung ist in Bild 2.15 am Beispiel der Programmierung von Bearbeitungsmaschinen dargestellt. Der manuellen und rechnergestützten Programmierung liegt die gleiche Vorgehensweise zugrunde /2.3/. Bei der rechnergestützten Programmierung werden bestimmte Tätigkeiten automatisch durchgeführt oder zumindest durch den Rechner unterstützt.

Die Programmierung beginnt mit der Interpretation der Werkstückzeichnung und des Arbeitsplanes. Sofern nicht bereits bei der Arbeitsplanerstellung durchgeführt, werden die für die Bearbeitung notwendigen Aufspannungen festgelegt. Auf der Basis der NC-Geometrie, d.h. einer Geometriebeschreibung, die mindestens die zu bearbeitende Geometrie enthält, wird der Programmablauf geplant und die zur Bearbeitung notwendigen Werkzeuge werden bestimmt.

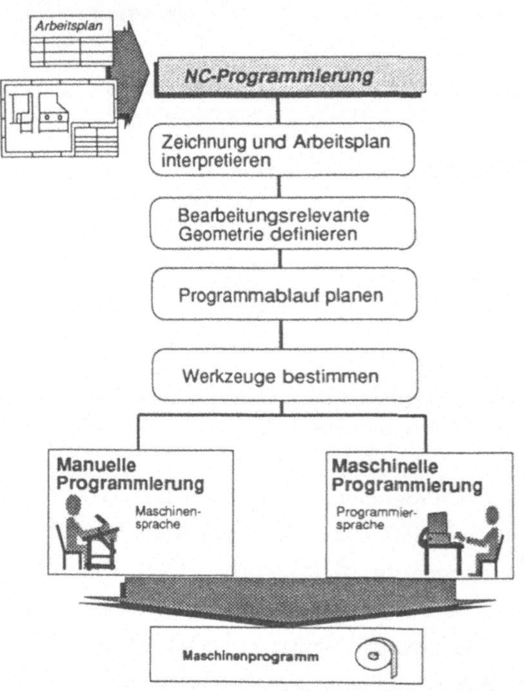

Bild 2-15: *Prinzipieller Ablauf der Programmierung /nach 2.3/*

Bei der manuellen Programmierung werden daran anschließend die genauen Weg- und Schaltinformationen für die jeweilige Maschinen-/ Steuerungskombination erstellt /2.4/. Bei der maschinellen Programmierung wird der Fertigungsprozeß vom Roh- zum Fertigteil in einer fest vorgeschriebenen Symbolik, der Programmiersprache, beschrieben. Die Erzeugung der steuerungsorientierten Befehlsstruktur aus diesem sogenannten Teileprogramm übernimmt dann der Rechner /2.3/.

2.3.3.2 Rechnergestützte Hilfsmittel für die Programmierung

Eine Klassifizierung der rechnergestützten Hilfsmittel zur NC-Programmierung kann beispielsweise nach dem Ort der Programmierung, der Programmiermethode, dem Automatisierungsgrad oder den Fertigungsverfahren, die unterstützt werden, vorgenommen werden (Bild 2.16) /2.3, 2.48, 2.49 /.

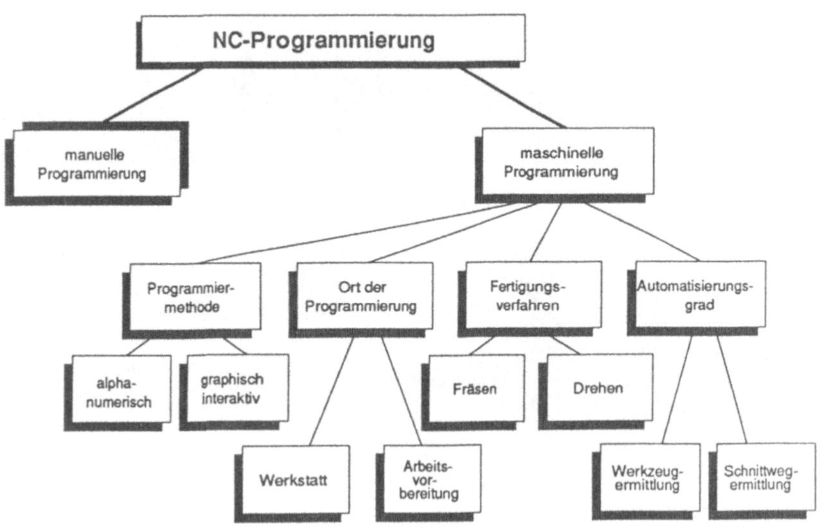

Bild 2-16: *Klassifizierungsmöglichkeiten von NC-Programmiersystemen*

Zur Beschreibung der Eigenschaften und der Leistungsfähigkeit bestimmter Programmiermethoden und der jeweiligen Einsatzgebiete der verfügbaren Programmiersysteme wird im folgenden zunächst zwischen den alphanumerischen und den grafisch interaktiven Programmierssystemen unterschieden.

Bei der rein alphanumerischen Programmierung muß der NC-Programmierer die Bauteilgeometrie aus der Fertigungszeichnung herauslesen und im NC-Programmiersystem neu beschreiben (Bild 2.17) /2.55/. Dazu muß sich der NC-Programmierer zunächst das zu fertigende 3-dimensionale Bauteil vorstellen und die einzelnen 2-dimensionalen Schnitte und Ansichten gedanklich einander zuordnen. Dieser Prozeß stellt eine der Schwierigkeiten der alphanumerischen NC-Programmierung dar. Bei komplexen Bauteilen, mit einer gesamten Programmierzeit von häufig 40 - 80 Stunden, kann der Zeitanteil für das Eindenken in das Bauteil bis zu 20% der gesamten Programmierzeit betragen /2.49/.

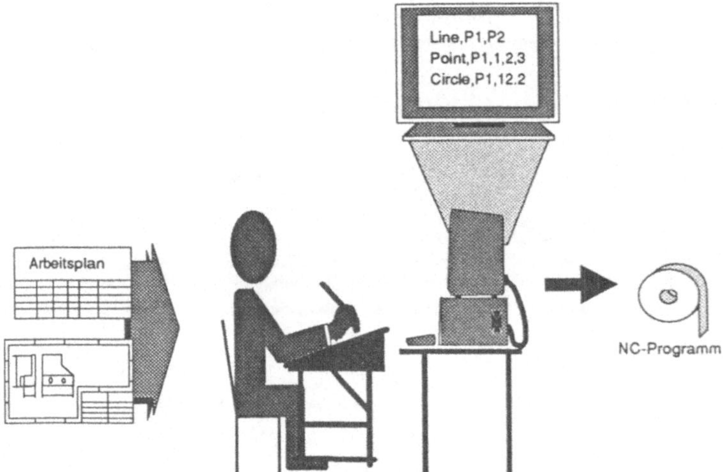

Bild 2-17: *Umsetzung der Zeichnungsinformation in die NC-gerechte Bauteilbeschreibung/2.49/*

Aus den 2D-Zeichnungen muß der Programmierer eine 3D-Werkstückbeschreibung erarbeiten. Diese textuelle Neudefinition der bearbeitungsrelevanten Geometrie, ohne die Möglichkeit einer Überprüfung der errechneten Geometriewerte, ist eine der Hauptursachen für fehlerhafte NC-Programme. In Bild 2.18 sind die Ergebnisse einer Untersuchung über Fehler in alphanumerisch erstellten NC-Programmen wiedergegeben / 2.51/.

Anzahl der NC-Programme	100 %
% Anteil fehlerbehafteter NC-Programme	68 %
Fehler in Z-Koordinaten	42 %
Fehler in X-Y- Koordinaten	36 %
Fehler in B-oder C-Achsendrehung	40 %
Sonstige Programmierfehler	57 %

Bild 2-18: *Geometrische Fehler in NC-Programmen bei alphanumerischer Programmierung /2.51/*

Zur Erleichterung der Programmerstellung sowie zur Erhöhung der Sicherheit bei der Programmerstellung setzt sich in den letzten Jahren immer mehr die grafisch interaktive Programmierung durch. Die Definition des Roh- und Fertigteiles erfolgt dabei im grafisch interaktiven Dialog. Mit Hilfe von grafischen Grundelementen wird die bearbeitungsrelevante Geometrie definiert /2.48, 2.49/.

Grafisch interaktive Systeme haben einen für 2- oder 2 1/2D-Probleme guten Stand erreicht. Für komplexe Werkstücke sind viele der derzeit verfügbaren Systeme jedoch aufgrund fehlender grafischer Leistungsfähigkeit wenig geeignet. Deshalb werden komplexe prismatische Werkstücke vielfach alphanumerisch programmiert /2.49/.

Das Teileprogramm, ob alphanumerisch oder grafisch interaktiv erstellt, wird üblicherweise mit Hilfe von Prozessoren in ein nach DIN 66215 genormtes Zwischenformat, das CLDATA-Format (Cutter Location Data) umgewandelt. In einem weiteren Schritt wird das CLDATA-Format dann mit Postprozessoren an die jeweilige Maschinen-/Steuerungskombination angepaßt. Postprozessoren berücksichtigen das von der jeweiligen Steuereinheit geforderte Eingabeformat. Dieses Format ist nach DIN 66025 genormt und kann in die Steuerung eingelesen werden (Bild 2.19).

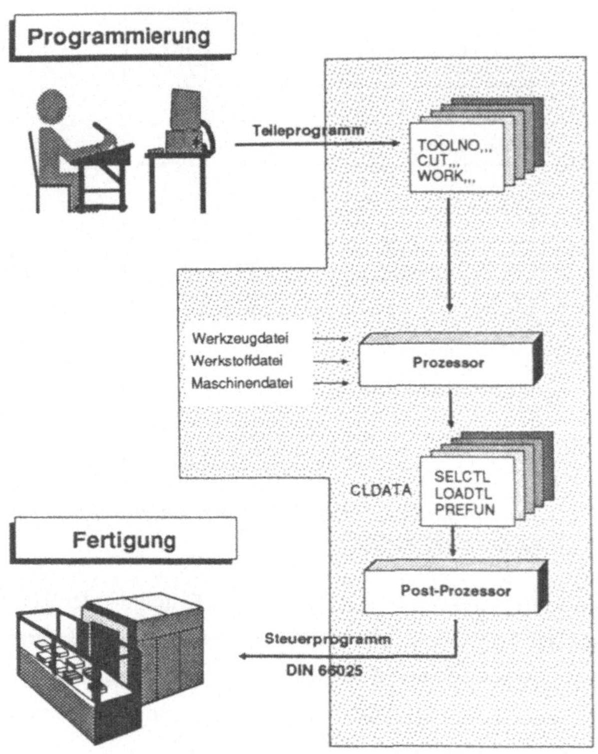

Bild 2-19: *Prinzip der maschinellen Programmierung /nach 2.3/*

Im Gegensatz zur Situation bei den Arbeitsplanerstellungssystemen, die i.allg. nicht für einen Austausch von Geometrie- und Technologiedaten geeignet sind, gibt es zur Verbindung von NC-Programmiersystemen mit CAD-Systemen verschiedene Lösungsmöglichkeiten. Sowohl Standardschnittstellen als auch spezielle Lösungen zur Kopplung stehen zur Verfügung /2.48, 2.53, 2.54, 2.56, 2.57/.

Bei der Kopplung eines CAD-Systems mit einem Programmiersystem muß mit Hilfe eines Programmes (Prozessor) eine rechnerinterne Darstellung in eine andere umgewandelt werden. Dies kann direkt oder über spezielle, eventuell genormte Zwischenformate erfolgen (Bild 2.20).

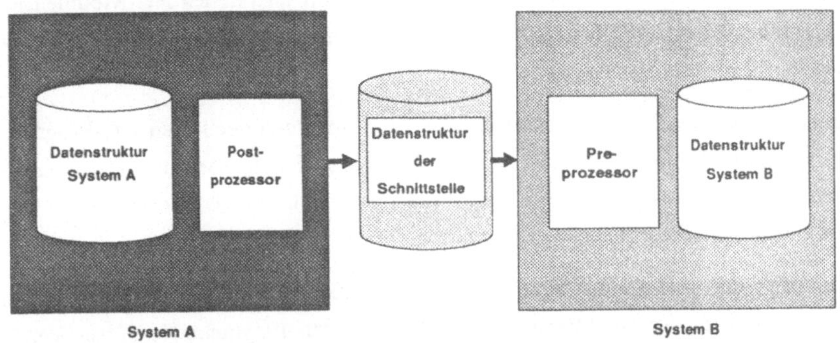

Bild 2-20: *Verbindung verschiedener Datenstrukturen über Schnittstellen*

Prinzipiell können sowohl alphanumerische als auch grafisch interaktive NC-Programmiersysteme mit Hilfe von Schnittstellen mit CAD-Systemen verbunden werden. Bei der Realisierung einer Verbindung von alphanumerischen NC-Programmiersystemen mit CAD-Systemen handelt es sich meist um spezielle, firmenspezifische Lösungen, die einen i.allg. hohen Realisierungsaufwand erfordern /2.48, 2.54/. Verbindungen zwischen CAD-Systemen und NC-Programmiersystemen sind in der Praxis deshalb fast ausschließlich beim Einsatz grafisch interaktiver NC-Programmiersysteme anzutreffen.

Neben den gekoppelten Systemen sind noch integrierte Systeme zu nennen. Kennzeichen integrierter Systeme sind im CAD-System enthaltene NC-Module. In grafisch interaktiver Arbeitsweise wird die NC- maßgebliche Geometrie aus der CAD-Datenbasis heraussortiert und die notwendigen Werkzeugwege programmiert. Technologische Angaben, wie Schnittaufteilung und Schnittwerte, müssen vom Teileprogrammersteller zusätzlich eingegeben werden.

Integrierte Systeme werden hauptsächlich dann eingesetzt, wenn geometrisch komplexe Werkstücke mit Freiformflächen auf Werkzeugmaschinen mit drei und mehr NC-Achsen bearbeitet werden sollen. Bei dieser Aufgabe liegt das Hauptkriterium auf einer hohen geometrischen Leistungsfähigkeit des NC-Programmiersystems. Technologische Gesichtspunkte wie Werkzeugauswahl, Schnittwerte und Arbeitsabläufe stehen bei den meisten verfügbaren CAD-Systemen mit integrierten NC-Modulen im Hintergrund /2.16, 2.48/. Deshalb kann von einem breiten industriellen Einsatz dieser Systeme nicht gesprochen werden.

Neben den beschriebenen alphanumerischen und grafisch interaktiven NC-Programmiersystemen, die fast ausschließlich maschinenfern, d.h in der Arbeitsplanung eingesetzt werden, gibt es seit einigen Jahren den Versuch, der werkstattorientierten Programmierung stärkeres Gewicht zu verleihen.

Grundlage der werkstattorientierten Programmierverfahren ist die Überlegung, den Facharbeitern an der NC-Maschine ein Hilfsmittel zur Programmierung zur Verfügung zu stellen, statt durch die Schaffung einer zusätzlichen Abteilung neuen Personalbedarf zu erzeugen. Ziel ist die Entwicklung eines einheitlichen Programmiersystems für die Werkstatt bzw. für die NC-Maschinen und die Arbeitsvorbereitung /2.49, 2.58, 2.59/.

Gleiche Benutzeroberflächen für die Programmierung an der NC-Maschine und am Rechnerarbeitsplatz sind deshalb ein wesentlicher Kern der werkstattorientierten Programmierung. Durch grafisch-interaktive Eingaben soll die Erstellung neuer NC-Programme entweder direkt an der Maschine oder an einem Rechnerarbeitsplatz ohne die Verwendung einer speziellen Programmiersprache ermöglicht werden. Durch die grafische Simulation des Bearbeitungsprozesses soll sichergestellt werden, daß die NC-Programme fehlerfrei sind.

In Bild 2.21 sind der Verbreitungsgrad der werkstattorientierten Programmierung und der Programmierung in der Arbeitsvorbereitung gegenübergestellt. Auf einige Gründe, die derzeit einen verstärkten Einsatz von werkstattorientierten Programmiersystemen verhindern, sei im folgenden hingewiesen /2.49/.

Ein vorhandener Maschinenpark mit vielen unterschiedlichen NC-Steuerungen, die keine komfortable Werkstattprogrammierung erlauben, hat in fast allen Unternehmen zum Aufbau von Programmierabteilungen, die maschinenferne Programmiersysteme einsetzen, geführt. Erst allmählich werden neue Maschinen, die eine werkstattorientierte Programmierung ermöglichen, in den Unternehmen eingeführt.

Bei den meisten zur Zeit eingesetzten maschinennahen Programmiersystemen ist die Möglichkeit, komplexe Bauteilgeometrien zu definieren, nur in eingeschränktem Umfang möglich. Diese Systeme eignen sich deshalb insbesondere für die Programmierung von 2D- und 2 1/2D-Werkstücken. Auch kann eine der Bauteilgeometrie entsprechend leistungsfähige Simulation der Bearbeitungsprozesse insbesondere für prismatische Werkstücke meist nicht angeboten werden.

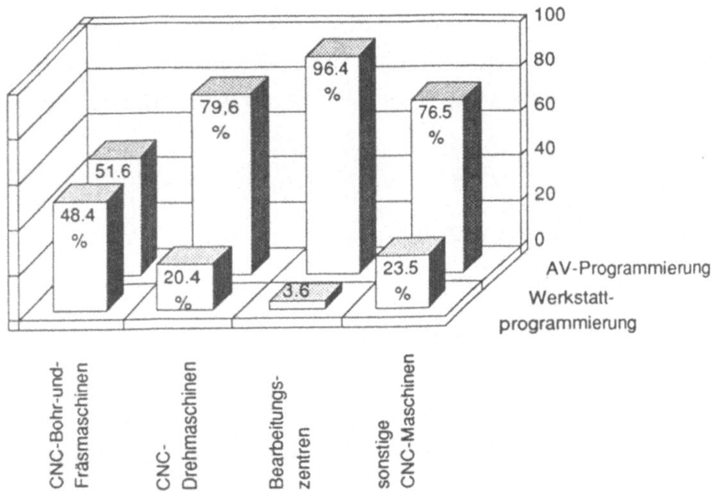

Bild 2-21: *Häufigkeitsvergleich zwischen Verfahren der NC-Programmierung /2.50/*

Grundsätzlich kann der Einsatz von rechnergestützten Hilfsmitteln zur Erstellung von NC-Programmen für Bearbeitungsmaschinen als Stand der Technik bezeichnet werden. Aus technischer Sicht ist es darüberhinaus fast immer möglich, zwischen CAD-Systemen und NC-Programmiersystemen eine datentechnische Verbindung zu realisieren. Dennoch sind derzeit nur etwa bei 3% aller Anwender von CAD- und NC-Programmiersystemen diese beiden Komponenten datentechnisch verbunden /2.60, 2.61/.

Gründe für Schwierigkeiten bei der datentechnischen Verbindung von CAD-Systemen und NC-Programmiersystemen sind insbesondere auf unterschiedliche rechnerinterne Beschreibungsmodelle zurückzuführen. Derzeit besteht - abgesehen von den laufenden Normungen im Bereich der Schnittstelle STEP (siehe Kapitel 6.2) - kein ausreichendes und einheitliches Regelwerk für die Interpretation und Verwertung von geometrischen und technologischen Informationen, die zwischen CAD-Systemen und NC-Programmiersystemen übertragen werden /2.23, 2.40, 2.65, 2.66/.

Der in verschiedenen Systemen unterschiedliche Informationsgehalt sowie die fehlende Verknüpfung von technologischen Größen mit der Bearbeitungsgeometrie in CAD-Systemen führt häufig zu erheblichen Verknüpfungsproblemen. Auch Schnittstellenprobleme durch Implementierungsalternativen bei Prozessoren und ein hoher Aufwand zur bearbeitungsgerechten Aufbereitung der übernommenen Daten in NC-Programmierungssystemen gehören zum Alltag der CAD-NC-Kopplungen /2.54, 2.57/.

2.4 Bewertung des Ist-Zustandes

In den Bereichen der Konstruktion, Arbeitsplanerstellung und NC-Programmierung werden heute meist spezielle, für die jeweiligen Aufgaben entwickelte, rechnergestützte Hilfsmittel eingesetzt. Die Trennung der Tätigkeiten und Hilfsmittel spiegelt sich in den meisten Unternehmen auch in der Aufbau- und Ablauforganisation wieder.

Die Bereiche Konstruktion, Arbeitsplanerstellung und Programmierung sind in aller Regel strikt voneinander abgegrenzt und in Reihe geschaltet. Die Arbeitsplanung nimmt ihre Arbeit erst auf, wenn die Konstruktion alle Unterlagen fertiggestellt hat. Die hohe Arbeitsteiligkeit und die sequentielle Arbeitsweise in Konstruktion und Arbeitsplanung führt zu Zeit- und Effektivitätsverlusten. Die sequentielle Arbeitsweise beeinträchtigt außerdem die Arbeitsqualität, da ein Wissensrückfluß und eine Kumulierung der Erfahrung weitgehend verhindert oder zumindest nicht unterstützt wird /1.5, 2.10, 2.39/.

Neben hoher Arbeitsteiligkeit und sequentiellen Arbeitsweisen kennzeichnet die wiederholte Grunddatengenerierung die derzeitige Situation in Konstruktion und Arbeitsplanung. Die Bestrebungen zur rechnerintegrierten Produktion waren in der Vergangenheit wesentlich vom Versuch geprägt, verschiedene aufgabenorientierte Hilfsmittel, wie sie beispielsweise CAD- und NC-Programmiersysteme darstellen, datentechnisch miteinander zu verbinden. Durch die datentechnische Verknüpfung verschiedener Rechnerhilfsmittel sollte neben der Verringerung der Informationsverluste durch das Vermeiden einer wiederholten Datengenerierung eine schnellere Abwicklung von einzelnen Tätigkeiten erreicht werden. Dies sollte zu einer Reduktion der Auftragsdurchlaufzeiten führen.

In der Praxis ist es jedoch heute nur beschränkt möglich, die aufgabenorientierten Hilfsmittel in Konstruktion, Arbeitsplanerstellung und Programmierung datentechnisch sinnvoll miteinander zu verbinden. Arbeitsplanerstellungssysteme bieten praktisch keine Möglichkeiten zur Einbindung in die Prozeßkette der Geometrie- und Technologiedatenverarbeitung. Die Datenübertragung zwischen CAD-Systemen und NC-Programmiersystemen ist theoretisch fast immer möglich, jedoch industriell nur ansatzweise realisiert (siehe 2.3.3.2).

Die Zahl organisatorischer Schnittstellen in Konstruktion und Arbeitsplanung wurde auch durch den Einsatz von rechnergestützten Hilfsmitteln meist nicht reduziert. Vielmehr wurden in der Vergangenheit durch die Übertragung der Arbeitsabläufe in Konstruktion und Arbeitsplanung in den Rechner arbeitsteilige Strukturen eher gefestigt und sequentielle Arbeitsweisen verstärkt /1.2, 2.10, 2.11, 2.51/.

Folge der wiederholten Grunddatengenerierung und der sequentiellen Arbeitsweisen sind lange Durchlaufzeiten in der technischen Auftragsabwicklung. Sie werden zu einem erheblichen Teil durch das Fertigungsvorfeld verursacht. So nehmen beispielsweise in Unternehmen des Maschinenbaus die Konstruktion und Arbeitsvorbereitung etwa 50% bis 60% der gesamten Auftragsdurchlaufzeit in Anspruch /2.6, 2.10, 2.62/.

3. Anforderungen an ein System zur integrierten Arbeitsablaufplanung

3.1 Möglichkeiten zum Zeitsparen

Ein wichtiges Ziel beim Einsatz von rechnergestützten Hilfsmitteln ist die zeitliche Verkürzung betrieblicher Abläufe sowie deren qualitative Verbesserung. Grundsätzlich lassen sich drei miteinander vernetzte Möglichkeiten zum Zeitsparen und damit zur Verkürzung der Auftragsdurchlaufzeiten unterscheiden (Bild 3.1).

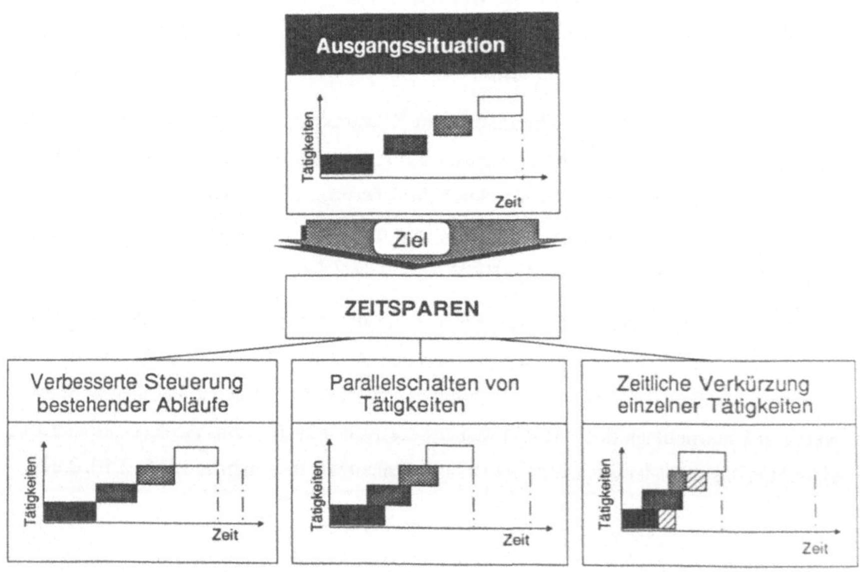

Bild 3-1: *Prinzipielle Möglichkeiten zum Zeitsparen bei der Auftragsabwicklung*

Durch die Koordination der Aufgaben und eine zweckmäßige Arbeitsverteilung kann das Zusammenspiel aller an der Produktentstehung beteiligten Unternehmensbereiche verbessert werden. Eine verbesserte Synchronisation der Tätigkeiten hilft Übergangszeiten zwischen einzelnen Verrichtungen zu verkürzen.

Zur Verbesserung der Steuerung betrieblicher Abläufe kann die Auftragsleittechnik als eine steuernde Komponente unter Einsatz moderner Hilfsmittel, wie sie zum Beispiel relationale Datenbanken darstellen, beitragen. Die Verkürzung von Übergangszeiten im Sinne von Liegezeiten zwischen einzelnen Verrichtungen ist im wesentlichen ein Frage der Planung und Steuerung betrieblicher Abläufe /3.1, 3.2/.

Werden sequentielle Arbeitsweisen durch eine entsprechende Steuerung oder eine entsprechende Gestaltung der jeweils eingesetzten Hilfsmittel in Parallelarbeit überführt, so führt dies zu einer weiteren Verkürzung der Durchlaufzeiten. Das Parallelschalten von Tätigkeiten setzt jedoch voraus, daß die zur Erfüllung einer Aufgabe notwendigen Eingangsinformationen zur Verfügung stehen. Im Fall der Prozesse der Konstruktion und Arbeitsablaufplanung bedeutet dies, daß die Arbeitsplanung bereits vor der Übergabe der detaillierten Produktdokumentation in Form der Zeichnungen Informationen zur Verfügung gestellt bekommen muß.

Schließlich trägt eine Verkürzung der Ausführungszeiten einzelner Tätigkeiten zum Zeitsparen bei. Dies ist zum Beispiel durch bessere Hilfsmittel, die ein schnelleres Arbeiten erlauben, durch aufbereitete Eingangsinformationen, die eine wiederholte Datengenerierung vermeiden oder auch organisatorische Maßnahmen zu erreichen. Qualitative Verbesserungen einzelner Tätigkeiten reduzieren die zur Fehlerbehebung notwendige Zeit und tragen somit ebenfalls zum Zeitsparen bei.

3.2 Anforderungen aus der Bewertung des Ist- Zustandes

Für die Prozesse der Konstruktion und Planung muß eine Möglichkeit geschaffen werden, der Arbeitsablaufplanung bereits vor der Übergabe der endgültigen Produktdokumentation in Form der detaillierten Zeichnungen oder der entsprechenden Rechnermodelle, Teilinformationen zur Verfügung zu stellen.

Produkt- und Produktionswissen sollten parallel entstehen und Schritt für Schritt verfeinert werden. Zwischen Planung und Konstruktion sollte, insbesondere bei komplizierten Gestaltungs- und Planungsaufgaben, eine möglichst vernetzte und parallele Arbeitsweise angestrebt werden /1.5/.

Gedanklich baut sowohl die Arbeit des Konstrukteurs als auch die des Arbeitsplaners auf einer drei-dimensionalen Modellvorstellung des Produktes auf. Das in der Konstruktion zumindest mental entstandene räumliche Produktmodell wird heute jedoch, selbst wenn 3D-CAD-Systeme eingesetzt werden, in Form von Zeichnungen an den Arbeitsplaner übergeben (Bild 3.2). Bevor der Planer mit den Tätigkeiten der Arbeitsplanung beginnen kann, muß er sich anhand der Zeichnungen gedanklich das Modell des Planungsgegenstandes erneut aufbauen.

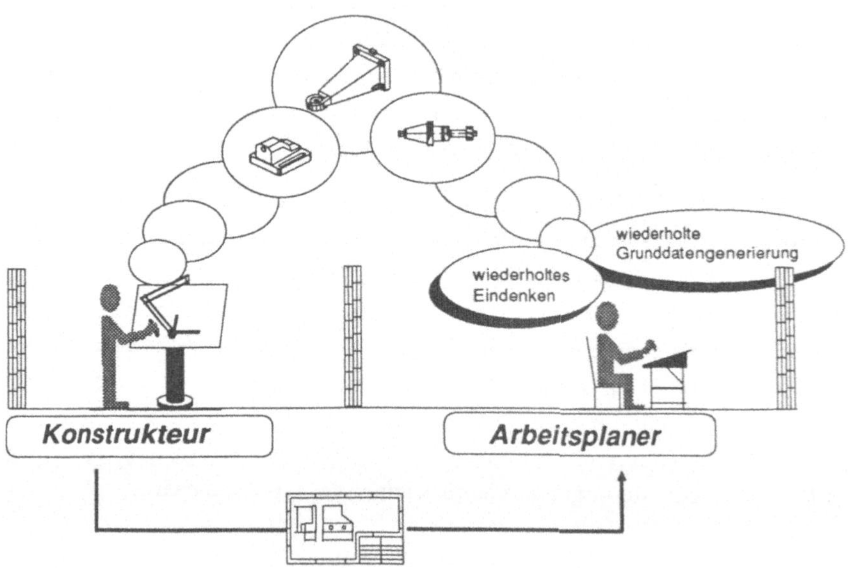

Bild 3-2: *Geistige Rüstzeiten durch unzureichende Informationsaufbereitung*

Eine Verkürzung dieser bereits vor Beginn der eigentlichen Arbeit anfallenden "geistigen Rüstzeiten" kann nur dann erreicht werden, wenn dem Planer die drei-dimensionale Abbildung des Planungsgegenstandes als Planungsgrundlage zur Verfügung gestellt wird.

Betrachtet man die Tätigkeiten bei der Arbeitsplanerstellung und NC-Programmierung, so wird das Problem der "geistigen Rüstzeiten" noch deutlicher. 2D-Werkstattzeichnungen und Arbeitspläne mit Querverweisen auf die Zeichnung stellen die Arbeitsunterlagen für die Programmierung dar. Die NC-Programmierung, die als fertigungstechnische Detaillierung der Arbeitspläne anzusehen ist, beginnt mit dem Eindenken in die Arbeitsaufgabe (Bild 3.3). Der Interpretation von Arbeitsplan und dazugehöriger Zeichnung schließt sich meist die Neudefinition der Werkstückgeometrie im NC-Programmiersystem an.

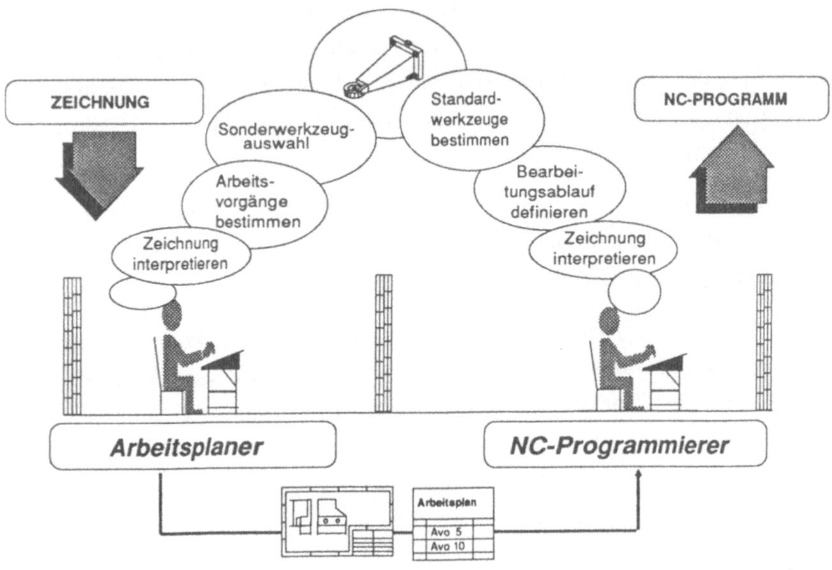

Bild 3-3: *Tätigkeiten und Informationsfluß zwischen Arbeitsplanerstellung und NC-Programmierung*

Bei allen Tätigkeiten der Arbeitsablaufplanung wird der Prozeß des "Eindenkens in die Arbeitsaufgabe" durchlaufen. Die personelle und organisatorische Trennung der Tätigkeiten führt dazu, daß insbesondere bei komplexen Produkten allein die Summe der dabei anfallenden "geistigen Rüstzeiten" erheblich ist.

Auch die Mehrfachgenerierung von Grunddaten trägt ebenfalls zu erheblichen Zeitverlusten bei der Auftragsabwicklung bei. Sie ist darüberhinaus Ursache für Fehler und Störungen sowohl im Fertigungsvorfeld als auch in der Fertigung selbst /2.51/.

Ziel muß es sein, durch die Vermeidung wiederholter Grunddatengenerierung in den der Konstruktion nachgelagerten Bereichen sowohl Zeit zu sparen als auch Fehler zu vermeiden. Daten sind nur einmal zu erzeugen und überall dort so aufbereitet zur Verfügung zu stellen, wie sie jeweils gebraucht werden.

Die Beseitigung organisatorischer Schnittstellen, die wie datentechnische Schnittstellen zu Informations- und Zeitverlusten führen, ist anzustreben. Tätigkeiten, die inhaltlich so eng verknüpft sind wie Arbeitsplanerstellung und Programmierung, sollten auch in organisatorischer Hinsicht wieder zusammengeführt werden. Eine Zusammenführung der Tätigkeiten von Arbeitsplanerstellung und Programmierung ist jedoch nur möglich, wenn das zu konzipierende Planungshilfsmittel dies durch eine entsprechende Benutzerfreundlichkeit unterstützt.

Im folgenden wird auf die informations- und systemtechnischen Anforderungen an ein rechnergestütztes Hilfsmittel zur Arbeitsablaufplanung (im folgenden Arbeitsplanungssystem genannt) detaillierter eingegangen (Bild 3.4).

Ein Arbeitsplanungssystem soll Parallelarbeit zwischen Konstruktion und Arbeitsablaufplanung unterstützen. Neben der Vermeidung der wiederholten Grunddatengenerierung in den der Konstruktion nachgelagerten Unternehmensbereichen sollen die Zeiten zur Interpretation der jeweiligen Arbeitsaufgabe, die "geistigen Rüstzeiten", deutlich reduziert werden. Eine personelle und organisatorische Zusammenführung der Tätigkeiten der Arbeitsablaufplanung soll durch das zu konzipierende Hilfsmittel ermöglicht werden.

Bild 3-4: *Ziele bei der Entwicklung des Arbeitsplanungssystems*

3.3 Schnittstelle zwischen Konstruktion und Arbeitsablaufplanung

Aufgaben der Geometrie- und Technologiedatenverarbeitung sind sowohl bei der Arbeitsplanerstellung als auch der NC-Programmierung von großer Bedeutung. Ein Großteil der Fertigungsanweisungen, die in den Arbeitsplänen enthalten sind, wird aus Konstruktionsdaten gewonnen. Je nach Fertigungsverfahren und Produktkomplexität liegt der Anteil der Konstruktionsinformationen, die sowohl Basis für die Arbeitsplanerstellung als auch für die NC-Programmierung sind, zwischen 50 und 90

Prozent aller zu verarbeitenden Informationen /2.18, 2.21/. Ein Arbeitsplanungssystem muß deshalb über eine Schnittstelle zur Übernahme der Konstruktionsdaten verfügen.

Nur 3D-Darstellungen der zu planenden Produkte bieten, zumindest langfristig, die Möglichkeit der vollständigen Vermeidung von wiederholter Geometrie- und Technologiedatengenerierung im Fertigungsvorfeld. Der Informationsgehalt von 2D-Darstellungen ist für die Erfordernisse der NC-Programmierung meist nicht ausreichend. Eine Ausnahme stellen allenfalls einfache Anwendungsfälle, wie zum Beispiel die Drehteilprogrammierung, dar. Sollen NC-Programme für drei- und mehrachsige Bearbeitungen von Bohr- und Frästeilen erzeugt werden, so lassen sich 2D-Darstellungen aus CAD-Systemen dazu im allgemeinen nicht nutzen.

Das zu konzipierende Arbeitsplanungssystem soll über Standardschnittstellen zur Übernahme der Konstruktionsdaten aus beliebigen 3D-CAD-Systemen verfügen. Die Bereitstellung von Standardschnittstellen erlaubt eine größtmögliche Unabhängigkeit von in der Konstruktion eingesetzten CAD-Systemen.

Betrachtet man die Tätigkeiten in Konstruktion und Arbeitsplanung, so ist zu erkennen, daß spätestens in der Konstruktionsphase der "Gestaltfindung" ein Informationsaustausch zwischen Konstruktion und Arbeitsplanung sinnvoll ist (Bild 3.5). Nach der Prinziperarbeitung und vor der Detaillierung werden in der Konstruktion erstmals konkrete Geometrie- und Technologieangaben festgelegt. Zu diesem Zeitpunkt sollte zumindest eine beratende Tätigkeit der Arbeitsplanung einsetzen.

Nach Abschluß der Gestaltungsphase in der Konstruktion und vor der abschließenden Detaillierung des Produktentwurfes sollte mit der Arbeitsplanung begonnen werden. Durch den Austausch produktdefinierender Daten mit der Konstruktion soll der Planer bereits zu diesem Zeitpunkt in die Lage versetzt werden, mit Aufgaben der Vorrichtungsplanung, Sonderwerkzeug- oder Maschinenauswahl zu beginnen /1.5, 2.10, 2.11/.

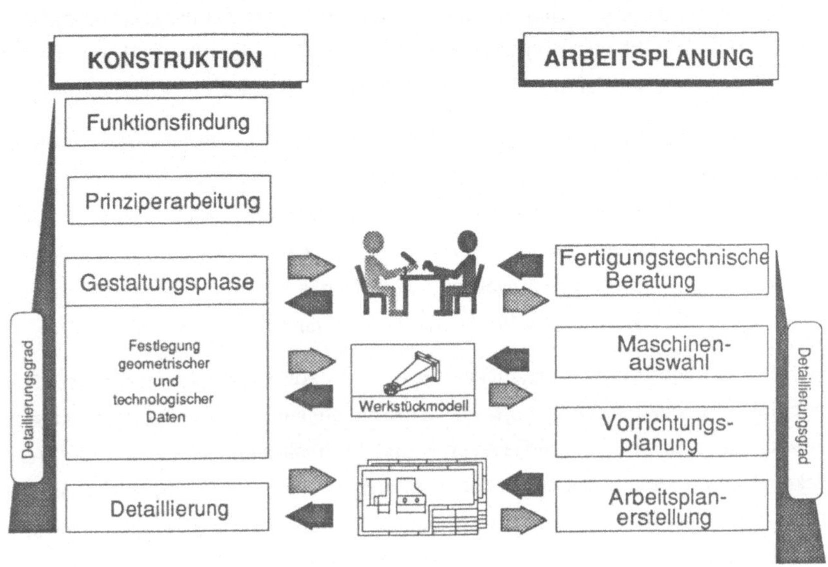

Bild 3-5: *Funktionale Schnittstelle zwischen Konstruktion und Arbeitsplanung*

3.4 Integration der Tätigkeiten innerhalb der Arbeitsablaufplanung

Aufbauend auf dem Werkstückmodell sollen die verschiedenen Tätigkeiten innerhalb der Arbeitsablaufplanung an einem Arbeitsplatz durchgeführt werden. Wesentliche Aufgaben sind dabei die Arbeitsplanerstellung, die NC-Programmierung und die Betriebsmittelplanung.

Je nach Komplexität der Aufgaben wird es unter Umständen in der betrieblichen Praxis auch in Zukunft erforderlich sein, Arbeitsplanerstellung, Programmierung und Betriebsmittelplanung von jeweiligen Spezialisten durchführen zu lassen. Während beispielsweise für die Arbeitsplanerstellung eine grobe Kenntnis über alle verfügbaren Fertigungseinrichtungen wichtig ist, stehen bei der NC-Programmierung Detailkenntnisse beispielsweise beim Einsatz von Werkzeugen im Vordergrund. Deshalb müssen für den Fall, daß auch in Zukunft, trotz datentechnischer Integration, mehrere Personen am Produktentstehungsprozeß beteiligt sind, die jeweiligen Ergebnisse so dargestellt werden, daß "geistige Rüstzeiten" minimiert werden.

Dazu müssen Darstellungsmethoden entwickelt werden, die neben der Bereitstellung der Geometrie- und Technologieinformationen auch die begrenzte Vorstellungswelt des Menschen bei der Interpretation der Arbeitsaufgabe unterstützen /1.5, 2.39/. Wird beispielsweise die Arbeitsplaninformation "Passung H7 am Durchmesser 8 in Schnitt X-Y" bei der Programmierung eingelesen, muß für den Programmierer sofort erkennbar sein, um welche Bohrung am Werkstück es sich handelt.

Die Eingangsdaten für die Programmierung in Form von Arbeitsplan und Werkstückmodell müssen dazu in einen logischen Zusammenhang gebracht werden. Arbeitsplaninformationen sind mit den Geometrie- und Technologieinformationen des Werkstückmodells zu verknüpfen. Deshalb muß ein rechnerinternes Beschreibungsmodell, auf das verschiedene Funktionen zugreifen, Basis des Arbeitsplanungssystems sein. Eine für verschiedene Tätigkeiten der Arbeitsablaufplanung gemeinsame Benutzeroberfläche und jeweils geeignete Methoden der Datenaufbereitung und -darstellung müssen eine Zusammenführung der verschiedenen Tätigkeiten unterstützen.

Auf die genaue Spezifikation der einzelnen Funktionen, die beispielsweise zur Arbeitsplanerstellung, Programmierung, Betriebsmittelplanung oder Vorgabezeitermittlung erforderlich und zu realisieren sind, wird in Kapitel 4 eingegangen.

3.5 Systemtechnische Anforderungen an ein Arbeitsplanungssystem

Rechnergestützte Hilfsmittel, die im Sinne der Strategien der rechnerintegrierten Produktion eingesetzt werden sollen, dürfen keine Insellösungen innerhalb der technischen Auftragsabwicklung darstellen. Aus dieser Forderung nach der Integrationsfähigkeit ergeben sich Bedingungen für Schnittstellen eines Arbeitsplanungssystems zu in anderen Unternehmensbereichen eingesetzten Hilfsmitteln.

Auf die besondere Bedeutung der Schnittstelle zum Austausch von Geometrie- und Technologiedaten wurde bereits hingewiesen. Ein Arbeitsplanungssystem muß darüber hinaus über Schnittstellen zum Austausch von Auftrags- und Betriebsdaten verfügen. Die Schnittstelle zwischen Arbeitsplanung und Produktionsplanung und -steuerung stellt die Verbindung zwischen den Bereichen der Geometrie- und Technologiedatenverarbeitung und den dispositiven Unternehmensbereichen dar.

Beispielsweise werden die Arbeitsvorgangsfolgen und die Zeiten, die bei der Arbeitsplanerstellung für einzelne Arbeitsvorgangsfolgen ermittelt werden, für die Termin- und Kapazitätsplanung benötigt. Darüber hinaus besteht die Notwendigkeit zum Aufbau einer datentechnischen Verbindung der Arbeitsplanung mit der Fertigung und Montage zum Austausch der entsprechenden Arbeitspapiere.

Ein Arbeitsplanungssystem muß dem Systemanwender die Möglichkeit bieten, anwenderspezifisches Wissen und anwenderspezifische Problemstellungen selbst zu implementieren. So müssen beispielsweise Möglichkeiten zum Aufbau unternehmensspezifischer Datenbanken für verfügbare Fertigungsmittel oder für die Implementierung firmen- oder produktspezifischer Arbeitsvorgänge durch den Systemanwender vorhanden sein. Ein modularer Aufbau des Systems, der eine nachträgliche Erweiterung und Anpassung an die verschiedenen Komponenten der rechnerintegrierten Produktion unterstützt, muß sichergestellt werden.

4. Konzeption und Systementwurf

4.1 Grundkonzeption

Das Arbeitsplanungssystem wird in die Prozeßkette der Geometrie- und Technologiedatenverarbeitung eingeordnet. Eingangsdaten für die Arbeitsablaufplanung sind Rechnermodelle der zu bearbeitenden bzw. zu planenden Werkstücke. Zur Übernahme der Geometriemodelle sind Standardschnittstellen vorhanden. Damit können Werkstück- bzw. Vorrichtungsmodelle aus praktisch allen derzeit verfügbaren CAD-Systemen übernommen werden (Bild 4.1).

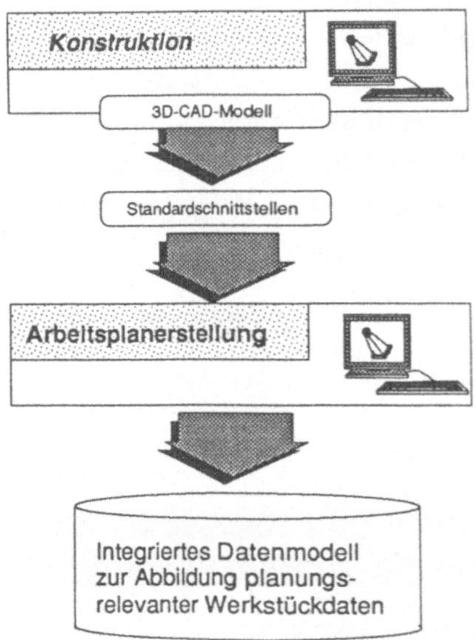

Bild 4-1: *Einordnung des Systems zur Arbeitsplanung in die Prozeßkette der Geometrie- und Technologiedatenverarbeitung*

Das realisierte Datenmodell des Arbeitsplanungssystems erlaubt den Aufbau eines logischen Zusammenhangs zwischen Geometrie- und Technologiedaten. Im Arbeitsplanungssystem wird bei der Arbeitsplanerstellung am 3D-Werkstückmodell das rechnerinterne Beschreibungsmodell des Arbeitsplanungssystems sowie die Verknüpfung der Arbeitsplaninformationen mit den Werkstückinformationen erzeugt. Alle weiteren Tätigkeiten der Arbeitsablaufplanung, wie beispielsweise NC-Programmierung oder Vorgabezeitermittlung, finden auf der Basis dieses Datenmodelles statt.

Alle Informationen, die in Arbeitsplänen oder NC-Programmen enthalten sind, werden am Werkstückmodell grafisch dargestellt. Es wird ein grafisch interaktives System entwickelt. Alle Tätigkeiten der Arbeitsablaufplanung finden am gleichen Arbeitsplatz mit gleicher Benutzeroberfläche statt.

In Kapitel 5 werden die Tätigkeiten der Arbeitsablaufplanung bzw. die verschiedenen Programmbausteine, die die jeweiligen Tätigkeiten unterstützen, aus Gründen der Übersichtlichkeit getrennt dargestellt. Die rein formale Trennung orientiert sich an den derzeit anzutreffenden Strukturen in Unternehmen. So führt beispielsweise die Arbeitsplanerstellung alle Tätigkeiten im Rahmen der groben Festlegung der Bearbeitungsvorgänge aus. Die fertigungstechnische Detaillierung der einzelnen, im Arbeitsplan spezifizierten Arbeitsvorgänge, ist der NC-Programmierung zugeordnet. Datentechnisch besteht die Schnittstelle zwischen den verschiedenen Modulen nicht. So können im Arbeitsplanungssystem beispielsweise NC-Programme direkt bei der Arbeitsplanerstellung "im Hintergrund" generiert werden.

Um dem hohen Anteil heuristischer Tätigkeiten bei der Neuerstellung von Arbeitsplänen und NC-Programmen Rechnung zu tragen, wird derzeit bewußt auf die Implementierung spezieller Algorithmen, beispielsweise zur automatischen Arbeitsvorgangsbestimmung, verzichtet. Die Möglichkeit zur Einbindung von Algorithmen zur Automatisierung einzelner Tätigkeiten ist jedoch gegeben.

4.2 Abgrenzung des Einsatzbereiches des zu konzipierenden Arbeitsplanungssystems

Zeitsparen bei der Auftragsabwicklung im Fertigungsvorfeld ist insbesondere bei der Neuentwicklung und der Neuplanung von Produkten bzw. Werkstücken von Bedeutung. Deshalb ist das Arbeitsplanungssystem insbesondere für Neuplanungsaufgaben, die sowohl aus zeitlicher als auch aus technischer Hinsicht die größten Anforderungen an ein Hilfsmittel stellen, ausgelegt. Darüberhinaus sollen Varianten- und Ähnlichkeitsplanungen ebenfalls unterstützt werden.

Das Arbeitsplanungsystem wurde primär für Aufgaben im Bereich der spanenden Fertigungsverfahren konzipiert. Insbesondere wurden dabei auch Anforderungen, die sich bei der Planung komplexer Werkstücke ergeben, berücksichtigt (Bild 4.2).

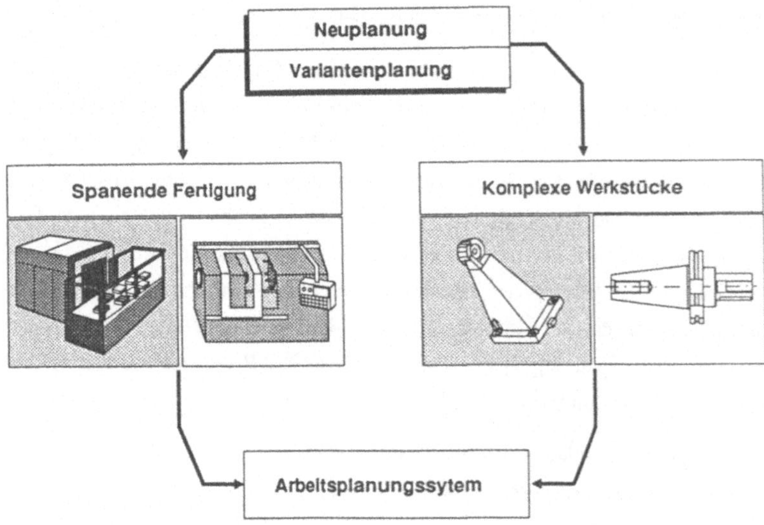

Bild 4-2: *Einsatzbereich des Arbeitsplanungssystems*

Die Grundkonzeption des Arbeitsplanungssystems ist verfahrensunabhängig. Insbesondere eignet es sich für die Bearbeitungsverfahren Bohren und Fräsen sowie für Drehbearbeitungsaufgaben. Für Drehteile, die Bohr- Fräsbearbeitungen beinhalten und für prismatische Werkstücke, die auf Bearbeitungszentren in drei-, vier- oder fünfachsiger Bearbeitung gefertigt werden, sind komplexe Planungs- und Programmieraufgaben auszuführen. Das Arbeitsplanungssystems berücksichtigt die dabei gestellten Anforderungen.

Realisiert sind Programmbausteine zur Durchführung der Planungsaufgaben für Bohr-Frästeile. Verfahrensspezifische Anforderungen, wie sie u.a. bei der Generierung der

NC-Syntax auftreten, sind berücksichtigt und müssen bei einer Erweiterung des Systems, beispielsweise zur Planung von Drehteilen, entsprechend angepaßt werden.

4.3 Entwicklungsumgebung

4.3.1 Hardware- Komponenten der Entwicklungsumgebung

Zur Entwicklung des Arbeitsplanungssystems wird die Hardwarekonfiguration der Simulationssysteme USIS und COSIMA genutzt /2.49, 4.1/. Die Konfiguration ist in Bild 4.3 dargestellt. Als Hardware steht ein Hostrechner, auf dem die Programme zur Simulation ablaufen, sowie ein Grafikrechner zur Verfügung. Wesentliche Aufgabe des Grafikrechners ist die laufende grafische Darstellung der auf dem Hostrechner ablaufenden Simulationsrechnungen. Benutzereingaben können über Tastatur, Tablett oder Drehgeber erfolgen.

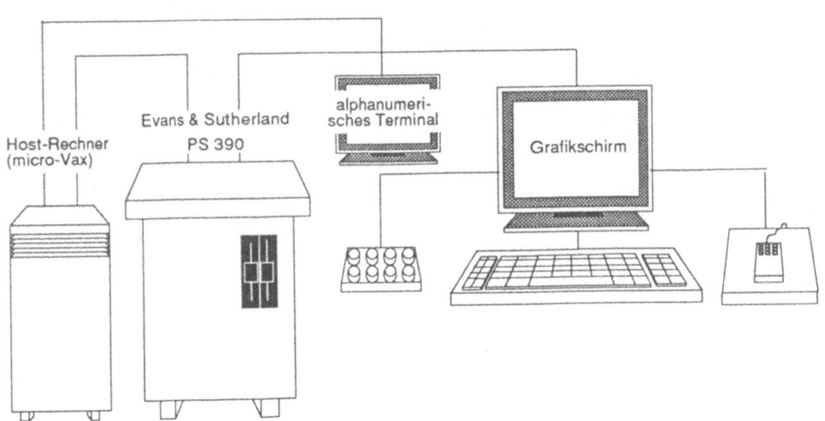

Bild 4-3: *Arbeitsplatz des Arbeitsplanungssystems*

4.3.2 Datenstruktur der Entwicklungsumgebung

Im folgenden werden einige wesentliche Kennzeichen der Datenstruktur der Simulationsysteme (USIS, COSIMA) kurz beschrieben.

Zur Darstellung der Geometrien in den Simulationssystemen steht eine flächenorientierte Volumenmodelldarstellung zur Verfügung. Geometrien werden polygonalisiert dargestellt. Gekrümmte Oberflächen werden durch Facetten modelliert. Die Umwandlung von Geometriedaten aus beliebigen CAD-Systemen erfolgt während des Einlesens über Standardschnittstellen /2.49, 4.1/. In Bild 4.4 ist das verwendete Datenmodell dargestellt.

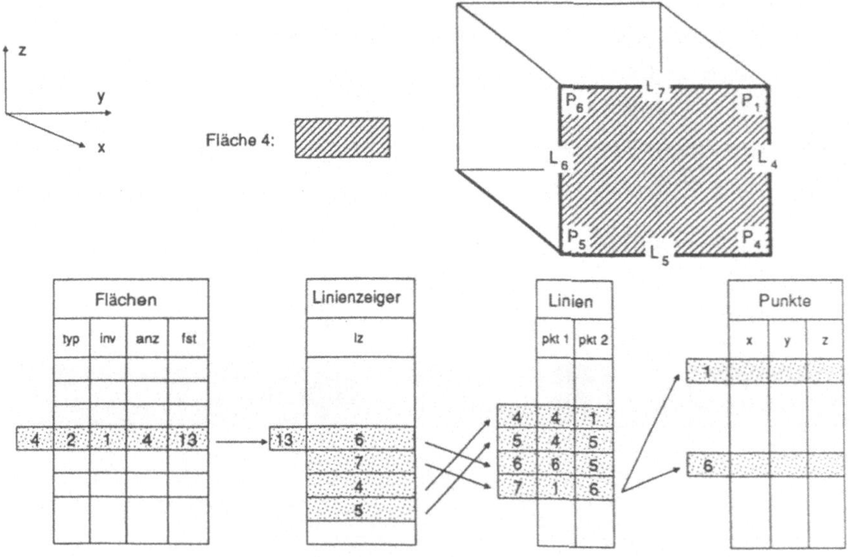

Bild 4-4: *Datenmodell der Simulationssysteme /2.49, 4.1/*

Jedes geometrische Element wird in den Simulationssystemen durch seine Objektflächen, jede Objektfläche wieder durch die sie begrenzenden Linien dargestellt. Die Linien bzw. Kanten von Objekten werden wiederum durch die sie begrenzenden Punkte definiert. Auf der untersten Ebene der Darstellung sind die x-, y- und z-Koordinaten aller Punkte eines Körpers gespeichert.

Der Aufbau der Datenstruktur stellt sicher, daß weder Punkte noch Linien eines Objektes mehrfach gespeichert sind. Neben den Datentypen zur Definition von Geometriedaten stellt das Simulationssystem die "Objekt-"datentypen zur Verfügung. Im Simulationssystem erlaubt dieser Datentyp, der Hinweise auf die zugeordnete Geometrie beinhaltet, die kinematische Zuordnung von verschiedenen Geometrieelementen. Dadurch kann im Simulationssystem beispielsweise ein zu handhabendes Werkstück mit einem Robotergreifer verbunden werden.

4.3.3 Eignung der Entwicklungsumgebung zur Realisierung eines Arbeitsplanungssystems

Anforderungen an die geometrische Darstellung von zu planenden Werkstücken können prinzipiell auf der Basis der verfügbaren Simulationssysteme erfüllt werden. Die Schnittstellen der Simulationssysteme zu CAD-Systemen ermöglichen eine Integration des zu konzipierenden Arbeitsplanungssystems in die Prozeßkette der Geometrie- und Technologiedatenverarbeitung.

Die eingesetzte Grafikhardware der Simulationssysteme erlaubt die Implementierung von Grafikfunktionen, die maximale Unterstützung bei der Visualisierung von Informationen, die in Arbeitsplänen oder NC-Programmen enthalten sind, bieten.

Das zur Verfügung stehende Datenmodell der Simulationssysteme muß für die Aufgaben der Arbeitsplanung modifiziert bzw. ergänzt werden. So ist beispielsweise die Darstellung von gekrümmten Oberflächen durch polygonalisierte Geometrieelemente für die Erstellung von NC-Programmen nicht ausreichend. Auch zur Verarbeitung technologischer und fertigungsspezifischer Daten innerhalb der Arbeitsplanung muß das Datenmodell der Simulationssysteme erweitert werden.

Dennoch stellt die derzeit eingesetzte Hard- und Software der Simulationssysteme eine geeignete Basis zum Aufbau eines Arbeitsplanungssystems, das die gestellten Anforderungen erfüllen kann, dar. Im folgenden wird der Aufbau des erweiterten Datenmodells zur Geometrie- und Technologiedatenverarbeitung in der Arbeitsplanung beschrieben.

4.4 Datenmodell zur Abbildung von Geometrie- und Technologieinformationen

4.4.1 Schnittstellen zu CAD-Systemen

Die Geometriedaten von Werkstücken werden über die Standardschnittstellen IGES oder VDAFS aus beliebigen 3D-CAD-Systemen in die Datenstruktur der Simulationssysteme übernommen /2.49/. Darüberhinaus sind spezielle, prozedurale Schnittstellen zur Datenübertragung aus den CAD-Systemen EUCLID, MEDUSA und Bravo3 vorhanden (Bild 4.5).

Unabhängig von der Art der Datenübertragung werden die Geometriedaten im Arbeitsplanungssystem beim Einlesen aus CAD-Systemen in der in Kapitel 4.3.2 beschriebenen Datenstruktur abgelegt. Werden mehrere Körper, wie zum Beispiel Vorrichtung und Werkstück, aus einem CAD-System übernommen, so wird jeder Körper für sich in Form eines Geometrieobjektes gespeichert. Jedes Geometrieobjekt wird wiederum in einer eigenen Geometriedatenbank abgelegt.

Die gespeicherten Geometrieobjekte bilden das komplette CAD-Geometriemodell des zu planenden Werkstückes ab. In CAD-Systemen sind im allgemeinen geometrische Untermengen, wie beispielsweise Bohrungen eines Werkstückes, nicht über Standardfunktionen identifizierbar.

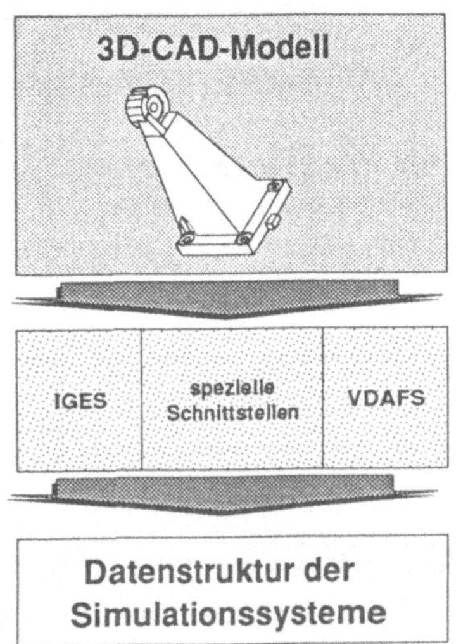

Bild 4-5: *Übernahme von Geometriedaten in das Arbeitsplanungssystem /nach 2.49/*

Das Datenmodell der eingesetzten Simulationssysteme verfügt ebenfalls nicht über die Möglichkeiten zur Abbildung von Teilmengen kompletter Geometrieobjekte. Innerhalb des Arbeitsplanungssystems müssen deshalb Funktionen zur planungsgerechten Aufbereitung beliebiger 3D-CAD-Modelle bereitgestellt werden.

4.4.2 Bearbeitungselemente zur Abbildung planungsrelevanter Daten

4.4.2.1 Definition des Bearbeitungselementes

Ein Bearbeitungselement wird als die geometrisch und technologisch vollständige Beschreibung von beliebigen Formelementen und beliebigen Konturen definiert. Diese im Hinblick auf die Anforderungen der Arbeitsablaufplanung vollständige Werkstückbeschreibung kann in drei wesentliche Bestandteile aufgeteilt werden /2.21, 2.26, 2.27, 2.39/:

- Geometrieangaben
- Technologieangaben zur Beschreibung von einzelnen Elementen
- Beziehungen zwischen verschiedenen Elementen

Das Datenmodell zur Abbildung eines Bearbeitungselementes (Bild 4.6) besteht aus drei Teilmodellen:

Basis für eine Werkstückbeschreibung, anhand der Aufgaben der Arbeitsablaufplanung durchgeführt werden, ist die geometrische Beschreibung der Werkstücke. Geometrische Daten eines Bearbeitungselementes werden im Geometriemodell beschrieben.

Aus fertigungstechnischer Sicht kommt des weiteren den technologischen Informationen zu einzelnen Werkstückelementen große Bedeutung zu. Als Beispiel sind Formtoleranzen, die die zulässige Abweichung eines Elementes von seiner geometrisch idealen Form bestimmen, zu nennen /4.2/. So kann die Maschinenauswahl bei der Arbeitsplanerstellung oder die Werkzeugauswahl bei der NC-Programmierung von technologischen Informationen dieser Art abhängen. Im Technologiemodell werden technologische Daten zu jedem Geometriemodell gespeichert.

Neben den geometrischen und technologischen Informationen zu einzelnen Elementen sind technologiebezogene und geometrische Zusammenhänge zwischen verschiedenen Elementen bei Arbeitsplanungsaufgaben zu berücksichtigen. Das Relationsmodell stellt die Beschreibung von technologischen oder geometrischen Zusammenhängen zwischen einzelnen Elementen sicher. Lagetoleranzen beispielsweise begrenzen die zulässige Abweichung von der idealen Lage zweier oder mehrerer Elemente zueinander /4.2/. Informationen dieser Art sind bei der Bestimmung von Spannsituationen, der Reihenfolgebestimmung von Arbeitsvorgängen oder der Werkzeugauswahl zu beachten. Zum Beispiel können koaxial liegende Bohrungen bei entsprechend enger Tolerierung nur in einer Aufspannung gefertigt werden.

Werkstücke werden im Arbeitsplanungssystem als eine Summe von Bearbeitungselementen beschrieben. Jedes Bearbeitungselement wird in verschiedenen Teilmodellen, die gemeinsam eine geometrisch und technologisch vollständige Beschreibung eines Bearbeitungselementes sicherstellen, abgebildet.

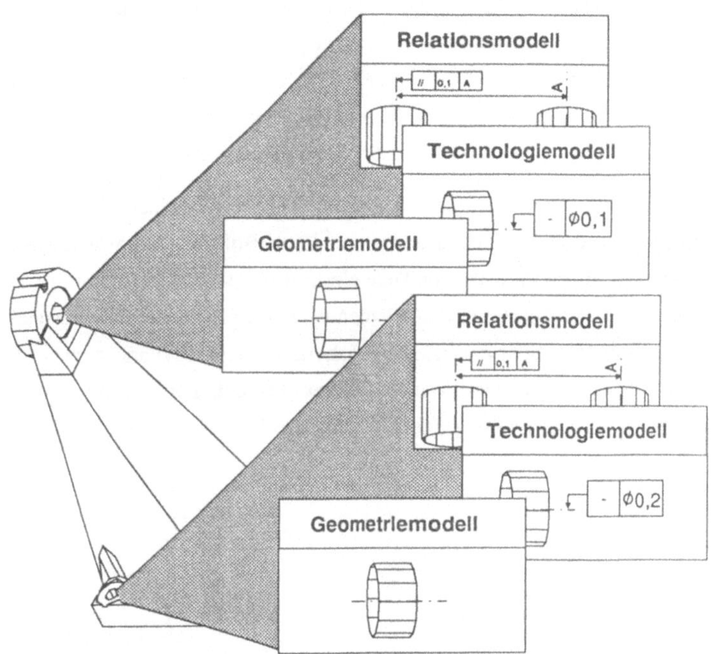

Bild 4-6: *Planungsrelevante Werkstückbeschreibung*

4.4.2.2 Erzeugung der Geometriedaten von Bearbeitungselementen

Die gesamten Geometrieinformationen eines zu planenden Werkstückes liegen im Arbeitsplanungssystem nach dem Einlesen der Geometrie über Schnittstellen als ein Geometriedatenobjekt vor. Diese Datenstruktur muß zur Erzeugung der Geometrieinformationen einzelner Bearbeitungselemente zerlegt werden. Derzeit werden die Geometriedaten einzelner Bearbeitungselemente dazu bei der Bestimmung der Arbeitsvorgänge grafisch interaktiv durch den Planer aus der gesamten Werkstückgeometrie herausgefiltert.

Durch die grafische Identifikation von charakteristischen Punkten der Bearbeitungselemente und die automatische Berechnung aller zum Bearbeitungselement gehörenden Punkte, Linien und Flächen werden die zu bearbeitenden Geometrieelemente im Arbeitsplanungssystem vollständig beschrieben. Am Beispiel der Bearbeitungselemente "Bohrung" und "offene Kontur" wird die gewählte Vorgehensweise erläutert.

Die Geometriedaten einer Bohrung (Bild 4.7) werden eindeutig durch die grafische Identifikation von 4 Punkten festgelegt. Eine Bohrung kann durch drei Punkte am Umfang und einen Punkt in der Tiefe eindeutig definiert werden. Wird vor der Identifikation eines zu bearbeitenden Elementes bereits eine Bearbeitungsrichtung festgelegt, dies entspricht der normalen Vorgehensweise eines Planers, so ist der Normalenvektor des später zu bearbeitenden Elementes bekannt. In diesem Fall genügt zur eindeutigen Kennzeichnung einer Bohrung die Identifikation von zwei Punkten.

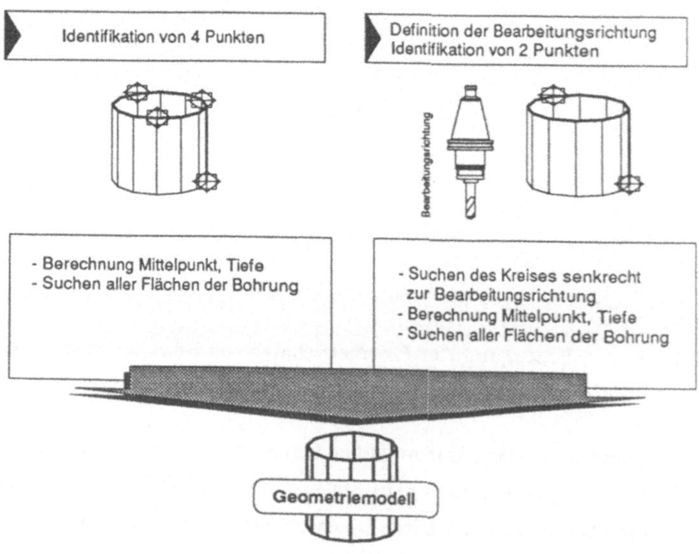

Bild 4-7: *Zwei Arten der Identifikation von Bohrungen*

Die Identifikation einer offenen Kontur ist in Bild 4.8 dargestellt. Durch die grafische Kennzeichnung des Anfangs-, eines beliebigen Kontur- und des Endpunktes sowie eines Punktes in der Tiefe der Kontur erfolgt die eindeutige Beschreibung der Geometrie. Die Identifikation weiterer Geometrieelemente erfolgt analog zu der beschriebenen Vorgehensweise.

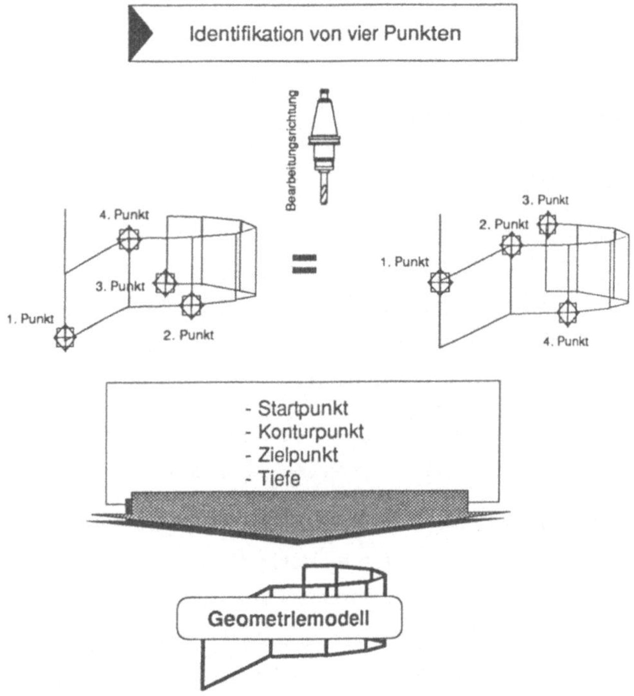

Bild 4-8: *Grafische Identifikation einer offenen Kontur*

Sind die Geometriedaten eines Bearbeitungselementes am grafischen Bildschirm durch die Identifikation von charakteristischen Punkten eindeutig festgelegt, wird das Bearbeitungselement farblich gekennzeichnet und als eigenständiges Geometrieobjekt in der Geometriedatenbank gespeichert.

4.4.2.3 Überlagerung der Geometriedaten von Bearbeitungselementen

Auf der Basis verschiedener Untersuchungen über häufig vorkommende Bearbeitungen /2.26, 4.3/ werden verschiedene Module zur Identifikation und Erzeugung von Bearbeitungselementen implementiert. Vier Klassen von Grundelementen werden im Arbeitsplanungssystem derzeit unterschieden:

- Bohrungselemente
- offene Flächen
- begrenzte Flächen
- Konturen

Einzelne Geometrieobjekte lassen sich beliebig zu überlagerten Elementen verbinden. Dadurch ist es möglich, mit wenigen Grundelementen eine Vielzahl von Bearbeitungsfällen auf einfache Weise zu definieren.

In Bild 4.9 ist beispielhaft dargestellt, wie eine Senkung mit einer Durchgangsbohrung durch das grafische Identifizieren von sechs Punkten eindeutig bestimmt wird.

Im vorliegenden Fall wird, ausgehend von der Bearbeitungsrichtung, der "Punkt 5" in der Datenstruktur automatisch durch den "Punkt 1" ersetzt. Die Bohrbearbeitung für den kleinsten Durchmesser beginnt damit auf der außenliegenden Fläche. Dadurch wird sichergestellt, daß bei der Generierung von NC-Sätzen und der entsprechenden Bearbeitung "von innen nach außen" gearbeitet wird und damit keine Kollisionen auftreten.

Die Geometriedaten einzelner Bearbeitungselemente, im dargestellten Beispiel also zwei Bohrungen und ein Kegelstumpf, werden in der Geometriedatenstruktur des Arbeitsplanungssystems getrennt dargestellt und als einzelne Geometrieobjekte gespeichert. Die überlagerten Elemente werden jedoch miteinander logisch verkettet, so daß ein eindeutiger Zusammenhang der einzelnen Geometrieelemente, die gemeinsam ein "überlagertes Geometrieelement" bilden, vorhanden ist. Dies ist beispielsweise beim Löschen, Ersetzen oder der Tolerierung von Elementen von Bedeutung.

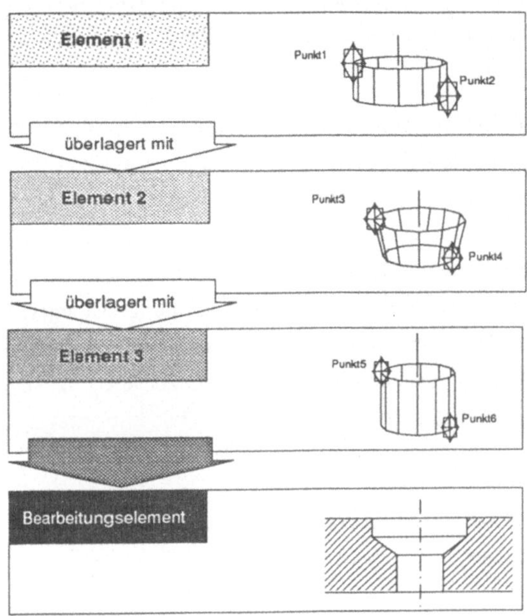

Bild 4-9: *Überlagerung von Geometrieelementen*

4.4.2.4 Aufhebung der Polygonalisierung

In Kapitel 4.3.2 wurde bereits auf die Polygonalisierung von Geometrien bei der Übernahme der Geometrie über Standardschnittstellen in das Datenmodell des Arbeitsplanungssystems hingewiesen. Für die Aufgaben der NC-Programmierung ist diese Darstellung jedoch nicht ausreichend. Sollen Konturzüge, die sich beispielsweise aus einer ebenen Fläche und einem Kreiselement zusammensetzen, bearbeitet werden, muß die Kreiskontur innerhalb der zu bearbeitenden Fläche eindeutig als Kreis gekennzeichnet sein.

Kreiselemente können innerhalb beliebiger Konturzüge mit Hilfe der grafischen Identifikation des Start-, eines Kreis- und des Endpunktes gekennzeichnet werden. Die mehrfache Definition von Kreiselementen innerhalb eines Konturzuges ist möglich. Die entsprechenden Kreiselemente werden bei der Visualisierung der Geometrieidentifikation dargestellt.

Durch die automatische, rechnerische Überprüfung der als Kreissegmentpunkte identifizierten Punkte auf den gleichen Mittelpunkt und eventuelle Überlappungen ist eine fehlerfreie Rekonstruktion von nicht polygonalisierten Kreiselementen oder Kreisen möglich. Die Verfahren zur rechnerischen Überprüfung sind so gestaltet, daß einerseits keine Probleme mit der Rechengenauigkeit, andererseits jedoch eine für Bearbeitungen stets ausreichend exakte Geometriedarstellung sichergestellt ist. Die Teile einer Kontur, die Kreissegmente oder Kreise darstellen, werden in der Datenstruktur des Arbeitsplanungssystems entsprechend gekennzeichnet. Sie sind damit jederzeit wieder als Kreiselemente zu erkennen.

4.4.2.5 Technologiedaten der Bearbeitungselemente

Zur Abbildung planungsrelevanter Informationen muß ein eindeutiger Zusammenhang zwischen Geometrie- und Technologieinformationen für die einzelnen Bearbeitungselemente vorhanden sein. Technologieinformationen können Auswirkungen auf die Bearbeitung haben. Beispielsweise können Oberflächeninformationen sowohl für die Auswahl einer geeigneten Bearbeitungseinrichtung als auch für die Wahl der entsprechenden Schnittwerte von Bedeutung sein.

Im Arbeitsplanungssystem werden deshalb neben der Datenstruktur zur Speicherung der Geometriedaten einzelner Bearbeitungselemente Technologiedatenstrukturen bereitgestellt. Im Technologiedatenmodell werden Hinweise auf die Ausführung einer Bearbeitung eines Bearbeitungselementes hinterlegt.

Über eine fest definierte Zuordnung besteht ein eindeutiger Zusammenhang zwischen den Geometriedaten und den Technologiedaten eines Bearbeitunsgelementes. So besteht beispielsweise rechnerintern eine Verknüpfung von textueller Information ("H7") zu den Koordinaten bzw. dem Durchmesser einer Bohrung. Besteht ein Bearbeitungselement aus mehreren überlagerten Geometrieelementen, so existiert analog

alog dazu eine Datenstruktur für die Technologiedaten. In Bild 4.10 ist dies am Beispiel eines Gewindes dargestellt.

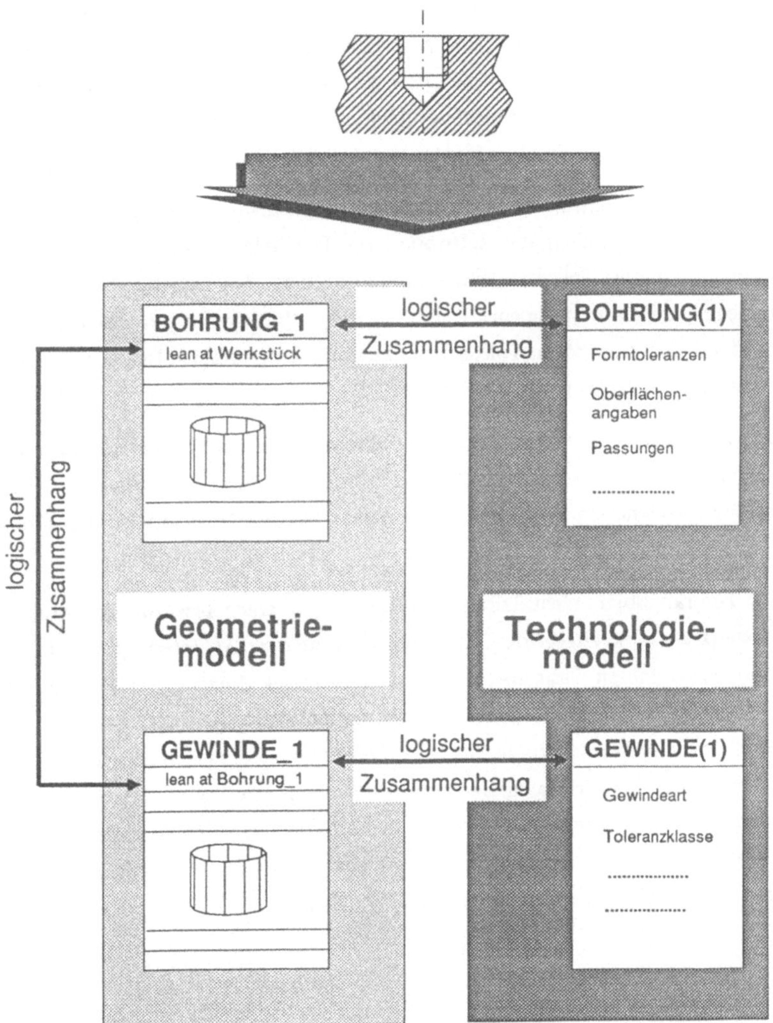

Bild 4-10: *Logischer Zusammenhang zwischen Geometriedaten und Technologiedaten einzelner Bearbeitungselemente*

4.4.3 Relationale Beziehungen zwischen Bearbeitungselementen

Neben der Beschreibung der Geometrie- und Technologiedaten einzelner Bearbeitungselemente kommt einer logischen Verknüpfung verschiedener Bearbeitungselemente Bedeutung bei der Arbeitsplanung zu. Informationen, wie beispielsweise Längentoleranzen, beziehen sich auf mehrere Geometrieelemente und wirken sich auf die Geometrie bzw. die Lage einzelner Elemente aus /4.4/.

Aus diesem Grund sieht die Datenstruktur des Arbeitsplanungssystems den Aufbau eines Modells zur Abbildung von Relationen vor. Das Relationsmodell setzt sich aus Toleranzobjekten und Toleranzdatenfeldern zusammen. Toleranzobjekte verbinden verschiedene Bearbeitungselemente. Dabei kann es sich sowohl um einzelne als auch überlagerte Elemente handeln. Toleranzobjekte sind am grafischen Bildschirm sichtbar zu machen und grafisch zu identifizieren.

Bild 4.11 zeigt am Beispiel einer Positionstolerierung, wie ein Toleranzobjekt prinzipiell aufgebaut ist. Das Toleranzobjekt zur Positionstolerierung enthält einen Punkt auf der Bezugsfläche (Punkt 1) und einen Punkt auf dem zu tolerierenden Objekt (Punkt 2).

Wird ein Toleranzobjekt identifiziert, wird über das Toleranzobjekt auf das zugeordnete Toleranzdatenfeld zugegriffen. Eine Veränderung der dort hinterlegten Toleranz- oder Abstandsvariablen wirkt über die im Toleranzobjekt hinterlegten Beziehungen auf die Geometrieobjekte bzw. deren Transformationsmatrix (Posmat). Die Veränderung der Transformationsmatrix bewirkt eine Veränderung der Geometrie eines Bearbeitungselementes, da die realen Geometrieinformationen eines geometrischen Elementes im Arbeitsplanungssystem grundsätzlich aus der Transformationsmatrix eines jeden Bearbeitungselementes und den in der Geometriedatenstruktur gespeicherten Generierungskoordinaten errechnet werden /2.49, 4.1/

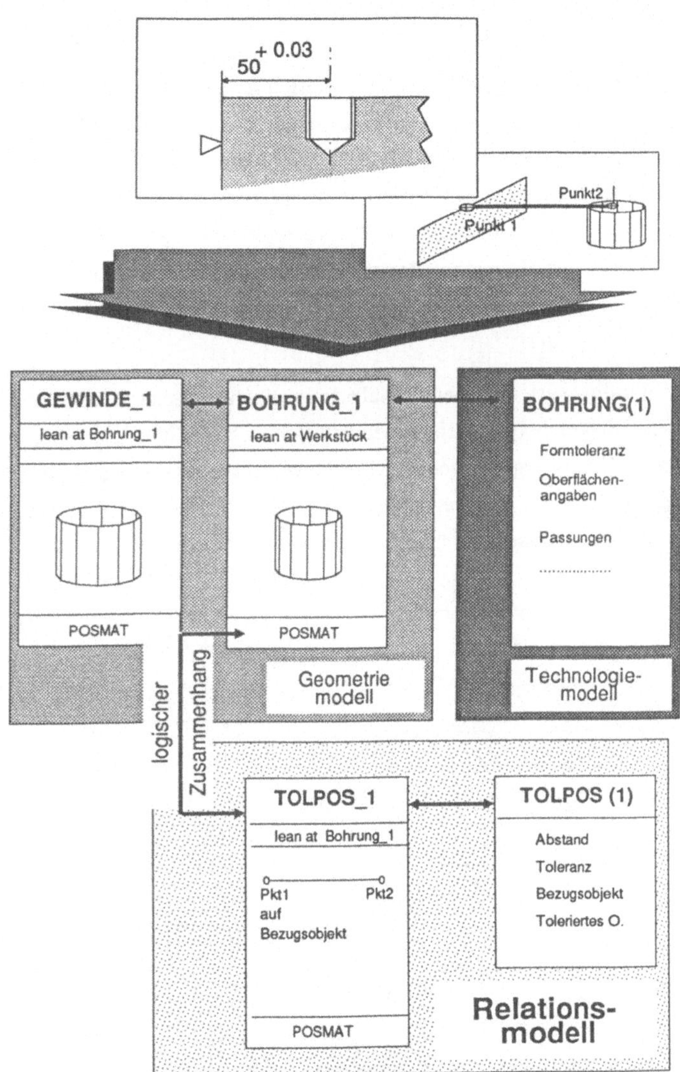

Bild 4-11: *Relationen zwischen Bearbeitungselementen durch Toleranzobjekte*

4.4.4 Behebung von Geometriefehlern

Alle Tätigkeiten der Arbeitsablaufplanung werden am 3D-Werkstückmodell, das über Standardschnittstellen übertragen wird, durchgeführt. "Unsaubere" CAD-Modelle verursachen bei der Weiterverarbeitung der Geometriedaten in der Arbeitsplanung Probleme. Im Gegensatz zu der immer noch am konventionellen Zeichnungswesen orientierten Konstruktion muß in der NC-Technik exakt gearbeitet werden /2.54/. Kleine Lücken in der Geometrie oder nicht exakt definierte Schnittpunkte an Ecken verhindern beispielsweise die Bildung von Konturen bei der NC-Programmierung /2.53/.

Im Arbeitsplanungssystem stehen deshalb zum einen einfache Funktionen zur Korrektur solcher Fehler bei der Geometriedefinition zur Verfügung. Linien können geschlossen oder Kreise ergänzt werden. Darüberhinaus werden Filtermechanismen implementiert, die häufiger auftretende geometrische Fehler erkennen und entsprechende Korrekturen automatisch durchführen (Bild 4.12).

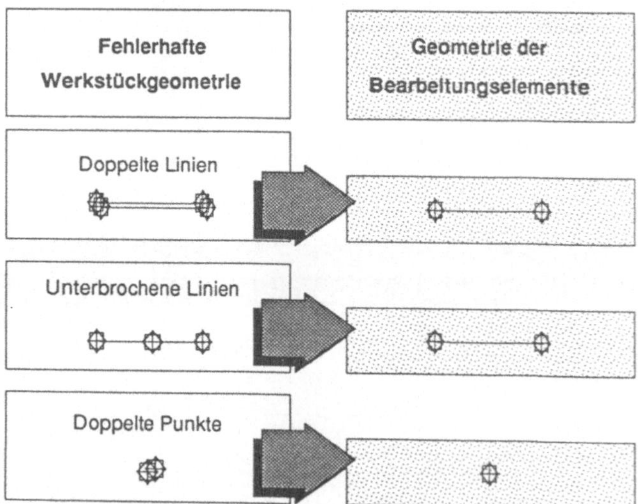

Bild 4-12: *Automatische Geometriekorrekturen im Arbeitsplanungssystem*

4.5 Anwenderspezifische Konfiguration der Menüstruktur

Das Arbeitsplanungssystem sieht eine menügeführte grafisch interaktive Arbeitsweise vor. Bei der Formulierung systemtechnischer Anforderungen an ein System zu Arbeitsablaufplanung wurde bereits darauf hingewiesen, daß dem Anwender des Systems die Möglichkeit zur Implementierung und gegebenenfalls zur Veränderung unternehmensspezifischer Informationen gegeben werden muß. Beispielsweise sind Informationen über Fertigungseinrichtungen oder Nicht-NC-Arbeitsgänge weitgehend unternehmensspezifisch und laufenden Änderungen unterworfen.

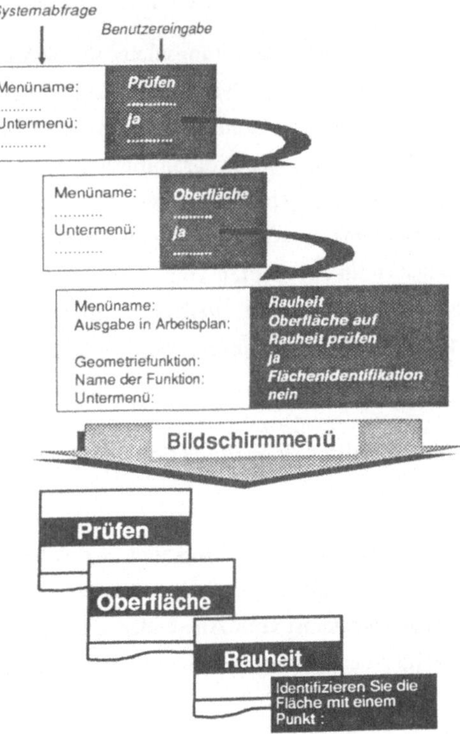

Bild 4-13: *Freie Konfiguration der Menüstruktur*

Neben standardmäßig definierten Menüs wird deshalb ein Modul zur freien Konfigurierung von Menüs zur Spezifikation von Nicht-NC-Arbeitsgängen und Maschinendateien implementiert. Der Anwender kann damit über Masken komplette Menüstrukturen dialoggesteuert programmieren. Zu jedem Menüpunkt wird bei der Konfiguration des Systems durch den Anwender ein zu jedem Menüpunkt gehörendes Steuerdatenfile durch Abfragen des Systems und entsprechende Eingaben des Planers erzeugt. In Bild 4.13 ist dies beispielhaft dargestellt.

Bei der Konfiguration des Menüpunktes "Prüfen" wird im Beispiel ein Untermenü "Oberfläche" mit einem weiteren Untermenü "Rauheit" spezifiziert. Innerhalb des Steuerdatenfiles für den Menüpunkt "Rauheit" werden die gewünschten Fragen des Systems an den Benutzter und der Aufruf weiterer Menüs generiert.

Die Programme zur Definition der Bearbeitungselemente können aus jeder Menüebene aufgerufen werden. Beim Aufruf des Menüs "Rauheit" soll im Beispiel die grafische Identifikation der zu prüfenden Fläche abgefragt werden. Bei den Konfiguration des Menüs wird deshalb der Name des Programmbausteines "Fläche markieren" an der entsprechenden Stelle eingetragen. Ebenso wie die Einbindung aller fest implementierten Programmbausteine zur Generierung der Bearbeitungselemente werden die gewünschten Ausgaben im Arbeitsplan vom Anwender spezifiziert. Sind die unternehmensspezifischen Menüs definiert, werden sie als fester Bestandteil automatisch in die Menüstruktur des Arbeitsplanungssystems aufgenommen.

4.6 Anwenderspezifische Konfiguration der Maschinendatei

Zur Unterstützung des Planers bei den Tätigkeiten der Arbeitsplanerstellung, Programmierung oder Vorrichtungsplanung enthält das Arbeitsplanungssystem eine Maschinendatei. Die Maschinendatei ist vom Anwender selbst konfigurierbar (siehe Kapitel 4.5). Bild 4.14 zeigt einen Auszug aus einem Datenblatt für eine Fertigungseinrichtung.

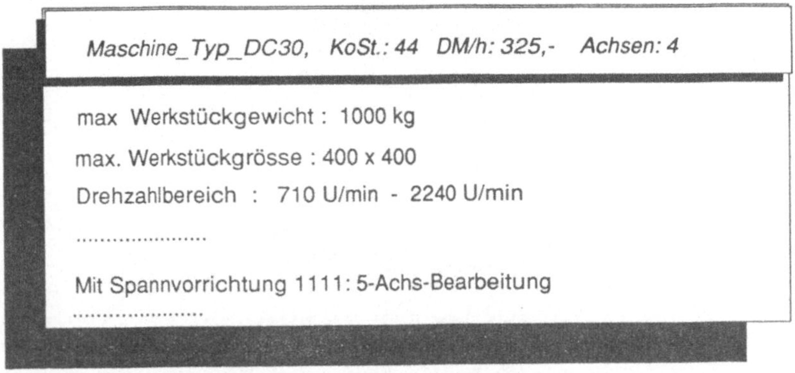

Maschine_Typ_DC30, KoSt.: 44 DM/h: 325,- Achsen: 4
max Werkstückgewicht : 1000 kg
max. Werkstückgrösse : 400 x 400
Drehzahlbereich : 710 U/min - 2240 U/min
....
Mit Spannvorrichtung 1111: 5-Achs-Bearbeitung
....

Bild 4-14: *Maschinendatei*

4.7 Datenmodell des Arbeitsplanungssystems

In Bild 4.15 ist das komplette Datenmodell des Arbeitsplanungssystems mit seinen wesentlichen Bestandteilen schematisch dargestellt. Aus einem beliebigen 3D-Geometriemodell des zu planenden Werkstücks wird bei der Arbeitsplanerstellung ein Datenmodell zur Abbildung planungsrelevanter Geometrie- und Technologiedaten aufgebaut. Drei Teilmodelle, ein Geometrie-, ein Technologie- und ein Relationsmodell beschreiben das Werkstück auf der Basis von Bearbeitungselementen.

Vorrichtungen werden entweder als ein Vorrichtungsmodell, oder, falls es sich um Elemente eines Spannbaukastens handelt, als einzelne Geometrieobjekte gespeichert. Spezielle Vorrichtungen werden über die gleichen Standardschnittstellen wie auch die Werkstückmodelle als 3D-Modelle in das Arbeitsplanungssystem übernommen.

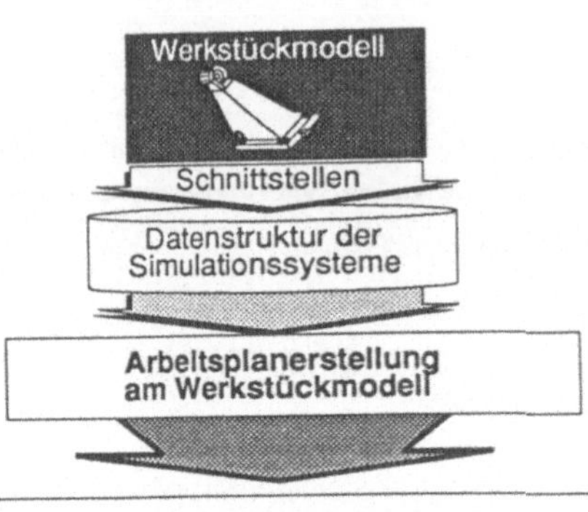

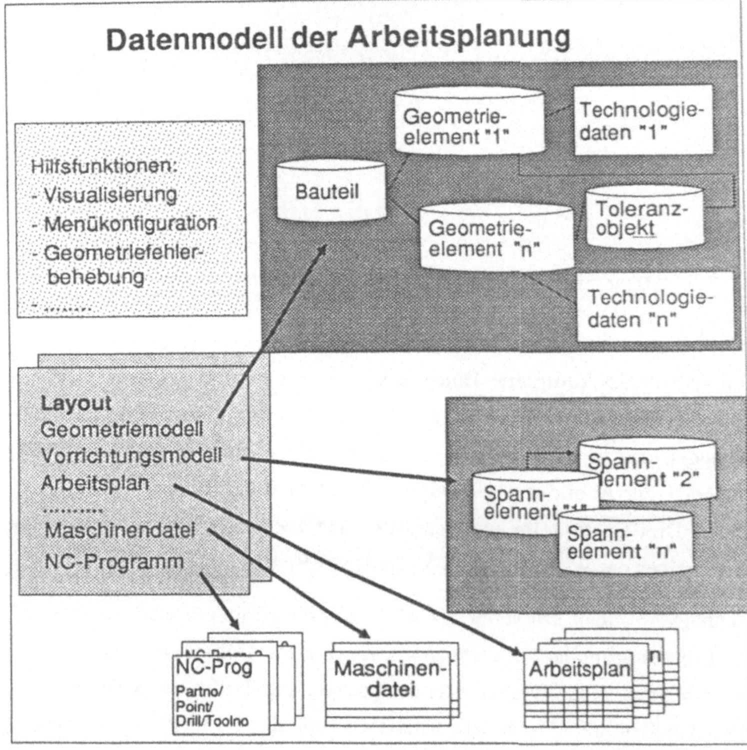

Bild 4-15: *Datenstruktur des Arbeitsplanungssystems*

Neben Funktionen zur Menükonfiguration und zur Behebung von Geometriefehlern sind Programmbausteine zur Benutzerunterstützung durch Visualisierung von Informationen implementiert. Bei der Arbeitsplanerstellung am 3D-Werkstückmodell werden die alphanumerischen Arbeitsplaninformationen, d.h die textuellen Beschreibungen der verschiedenen Arbeitsvorgangsfolgen, mit dem Werkstückmodell verbunden. Die Funktionen zur Visualisierung der Verknüpfung von Arbeitsvorgangsbeschreibung und Werkstückgeometrie zeigen diesen Zusammenhang am grafischen Bildschirm an (siehe Kapitel 5.2.2).

Im Zuge der verschiedenen Tätigkeiten der Arbeitsablaufplanung wird automatisch eine Layoutdatei generiert. Die Layoutdatei kann als eine Stückliste aller zu einer Planungsaufgabe benötigten Daten interpretiert werden.

In der Layoutdatei finden sich zum einen Verweise auf die Geometriedatenbanken, in denen Werkstück- und Vorrichtungsmodelle gespeichert sind. Abhängkeiten der verschiedenen Objekte wie Position des Werkstückmodelles zum Vorrichtungsmodell sind ebenfalls hinterlegt. Darüberhinaus sind die zu einem Bauteil gehörenden Arbeitspläne und NC-Programme in der Layoutdatei eingetragen.

Die Layoutdatei erlaubt sowohl die Unterbrechung eines Planungsprozesses zu jedem beliebigen Zeitpunkt als auch den definierten Zugriff auf alte Planungsergebnisse. Bei der Initialisierung, d.h. beim Einlesen einer Layoutdatei in das Arbeitsplanungssystem werden alle in ihr eingetragenen Objekte in den gespeicherten Farben und Positionen am grafischen Schirm angezeigt. Auf Arbeitspläne und NC-Programme, die zum Werkstück gehören, wird dabei ebenfalls zugegriffen.

5. Systembeschreibung

5.1 Benutzeroberfläche

Der entwickelte Prototyp eines Arbeitsplanungssystems nutzt, wie bereits in Kapitel 4.3 erwähnt, die Fähigkeiten eines hochauflösenden Grafikterminals und eines Host-Rechners, auf dem die Programme laufen. Alle Tätigkeiten der Arbeitsablaufplanung finden am gleichen Arbeitsplatz unter der gleichen Benutzeroberfläche statt. Am grafischen Bildschirm wird die Arbeitsplanerstellung, Programmierung und der Aufbau der Vorrichtungen durchgeführt.

Bei der Neuerstellung eines Arbeitsplanes steht ein 3D-CAD-Modell des Werkstükkes auf dem grafischen Bildschirm zur Verfügung (Bild 5.1). Die 3D-Geometriemodelle der zu planenden Werkstücke können über die Drehgeber beliebig vergrößert, gedreht und aus allen Richtungen betrachtet werden.

Bild 5-1: *Werkstück in schattierter Darstellung*

Auf dem Grafikschirm befindet sich auch das Menüfeld, das den Planer bei allen Tätigkeiten durch das System führt (Bild 5.2). Beim Aufruf eines Menüpunktes wird entweder ein Untermenü eingeblendet oder eine Eingabeanweisung für den Planer sichtbar gemacht. Auf dem alphanumerischen Terminal werden die über Bildschirmmenüs grafisch interaktiv erstellten Arbeitspläne oder NC-Programme angezeigt.

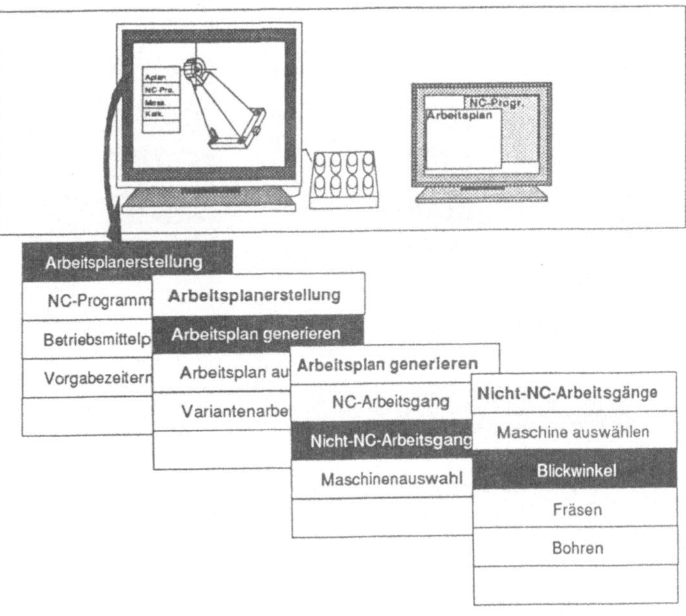

Bild 5-2: *Benutzeroberfläche des Arbeitsplanungssystems*

5.2 Arbeitsplanerstellung

5.2.1 Erstellung des Arbeitsplankopfes

Nach dem Einlesen des zu planenden Werkstückes in das Arbeitsplanungssystem wird zunächst über Bildschirmmasken auf dem alphanumerischen Terminal der Arbeitsplankopf generiert. Dabei werden vom Planer allgemeine bzw. sachabhängige Daten zum Arbeitsplan sowie einige systemspezifische Angaben, wie zur Geometriedatenbank, eingegeben (Bild 5.3).

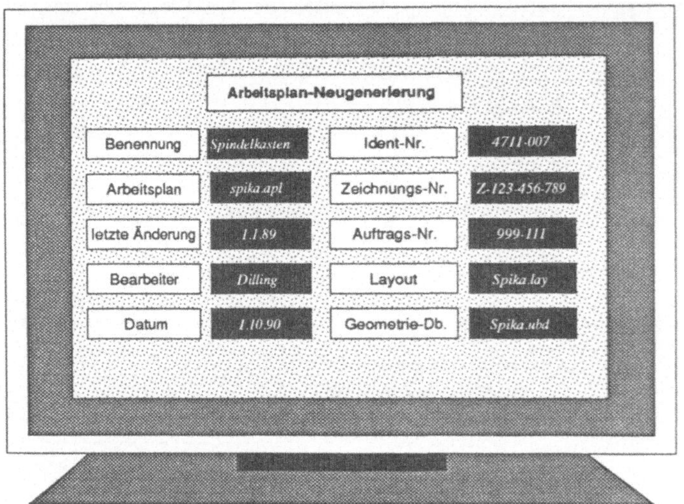

Bild 5-3: *Erstellung des Arbeitsplankopfes*

5.2.2 Definition von Blickrichtungen und Visualisierung von Informationen

Im Hinblick auf die Reduktion der zur Interpretation einer Arbeitsaufgabe notwendigen Zeit kommt dem Speichern beliebiger Bauteilansichten und der Visualisierung von Informationen erhebliche Bedeutung zu.

Zu jedem beliebigen Zeitpunkt kann im Arbeitsplanungssystem jeder über die Drehgeber erzeugte Bildschirmausschnitt als Ansicht in den Arbeitsplan eingetragen werden. Beim Einlesen der entsprechenden Arbeitsplanzeile, sei es bei der Arbeitsplanerstellung, der Programmierung oder dem Vorrichtungsaufbau, werden die gespeicherten Ansichten abgerufen und am grafischen Schirm rekonstruiert (Bild 5.4).

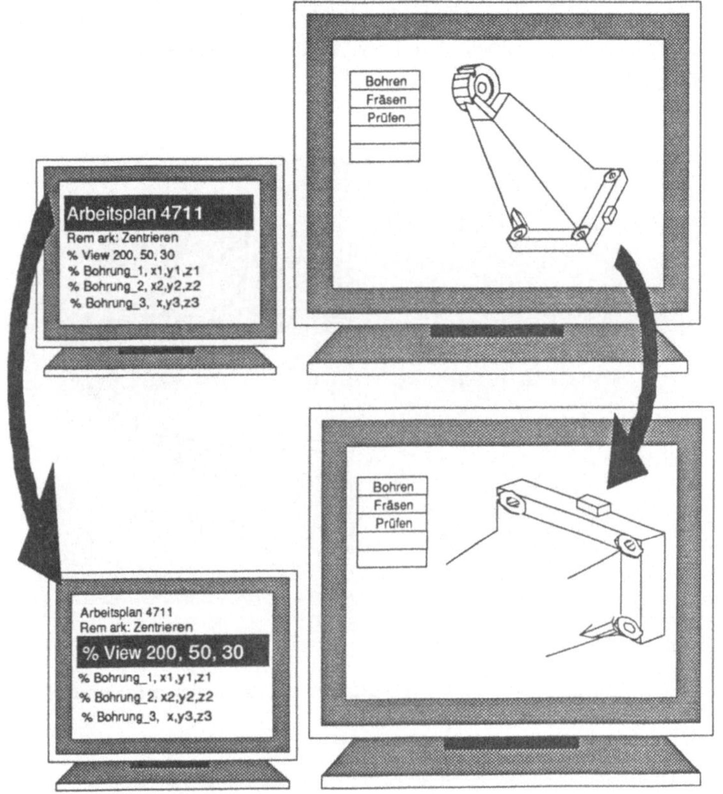

Bild 5-4: *Abspeichern von beliebigen Blickwinkeln*

Neben der Möglichkeit des Speicherns beliebiger Ansichten werden alle bei der Arbeitsplanerstellung durchgeführten Tätigkeiten laufend am grafischen Schirm farblich dargestellt. Dies soll an einem Beispiel näher erläutert werden.

Zur Generierung der Arbeitsplaninformation "Fläche fräsen" wird der Planer zunächst durch das Menü vom System geführt (siehe Bild 5.1). Nach der Eingabe "Fläche planfräsen" wird der Planer aufgefordert, die zu bearbeitende Fläche zu identifizieren. Dies geschieht durch das Markieren eines beliebigen Punktes auf der Fläche. Automatisch wird die gesamte Fläche vom System erkannt und gekennzeichnet (Bild 5.5) Bei einer Bestätigung der Richtigkeit der Eingabe erfolgen automatisch die entsprechenden Einträge in den Arbeitsplan bzw. in die verschiedenen Bestandteile des Datenmodelles.

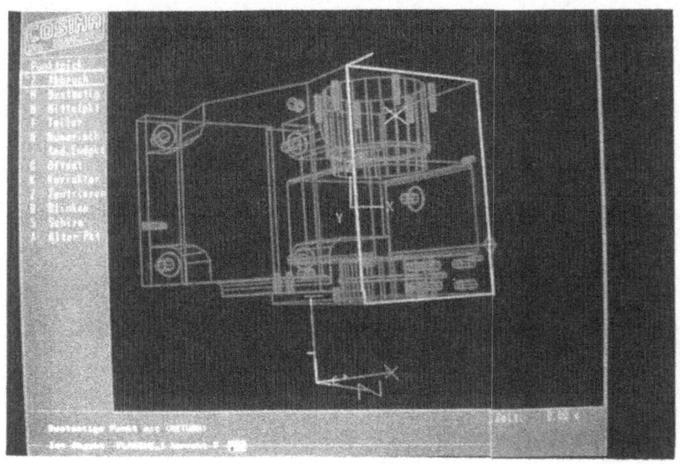

Bild 5-5: *Visualisierung von Informationen bei der Arbeitsplanerstellung*

Wird eine Arbeitsplanzeile, die geometrische Informationen wie "Fläche fräsen" oder "Bohrung bearbeiten" enthält, im weiteren Verlauf der Tätigkeiten der Arbeitsablaufplanung, zum Beispiel bei der NC-Programmierung, eingelesen, werden die Fläche oder die Bohrung auf dem grafischen Schirm automatisch gekennzeichnet (Bild 5.6).

Bild 5-6: *Visualisierung von Informationen beim Einlesen eines Arbeitsplanes*

Die bisher übliche Interpretation einer alphanumerischen Arbeitsplaninformation, wie beispielsweise "Bohrung in Ansicht X-Y bearbeiten", was bei komplexen Werkstükken erhebliche Zeit zum Auffinden des entsprechenden Elementes kostet, entfällt. Alphanumerische Arbeitsplaninformationen sind dem Werkstückmodell zugeordnet. Das satzweise Einlesen eines auf dem alphanumerischen Terminal dargestellten Arbeitsplanes und die automatische Visualisierung der entsprechenden Arbeitsplaninformation am Werkstückmodell machen das Lesen eines Arbeitsplanes zu einer Simulation des gesamten Fertigungsablaufes am Bildschirm.

5.2.3 Grafisch interaktive Definition von Arbeitsgängen

Bei der Darstellung der Datenstruktur in Kapitel 4.4 wurde bereits die grafisch interaktive Generierung von Bearbeitungselementen am Werkstück beschrieben. Die Definition der Arbeitsgänge erfolgt durch den Aufruf der entsprechenden Menüpunkte und die grafische Identifikation der jeweils zu bearbeitenden Geometrie.

In Bild 5.7 ist am Beispiel des Arbeitsganges "Fräsen einer Tasche" (= geschlossene Kontur) die Vorgehensweise bei der Generierung der Arbeitsplaninformation dargestellt. Nach dem Aufruf der Menüpunkte "Fräsen" und "geschlossene Kontur" wird der Planer zur Identifikation der Kontur durch je einen Punkt am oberen und unteren Rand der Kontur aufgefordert. Die identifizierte Kontur wird farblich gekennzeichnet.

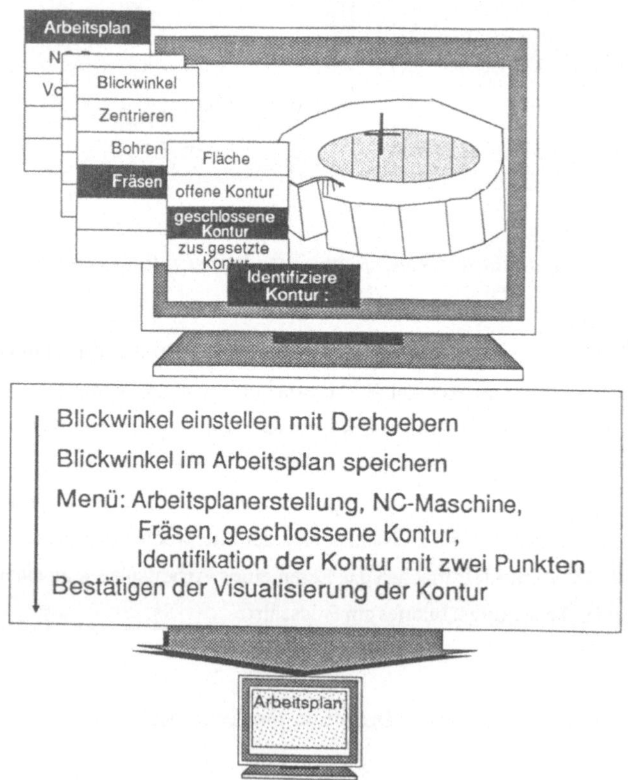

Bild 5-7: *Prinzipielle Vorgehensweise bei der Arbeitsplanerstellung*

Bild 5.8 zeigt, wie die Definition der Arbeitsplaninformationen "Umfangsfräsen einer offenen Kontur mit Kreissegement" und "Taschenfräsen" am grafischen Schirm dargestellt wird. Die Kreissegmente innerhalb der Konturen sind dabei besonders gekennzeichnet.

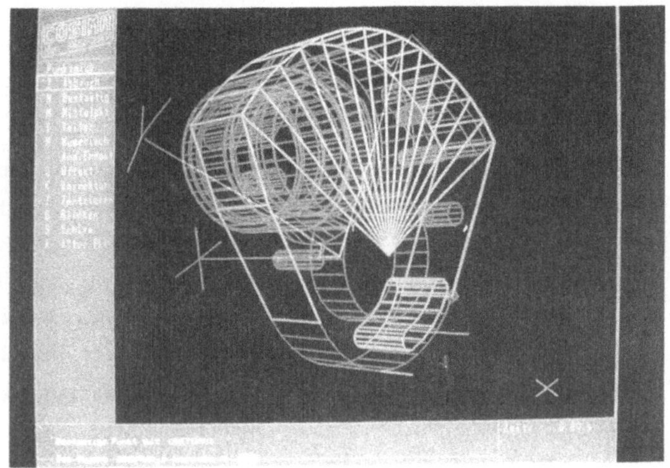

Bild 5-8: *Erzeugung und Visualisierung verschiedener Fräsbearbeitungsanweisungen*

Bei einer Bestätigung der visualisierten Information durch den Planer werden automatisch die alphanumerischen Informationen zum Arbeitsgang in den Arbeitsplan geschrieben. Die Geometrie- und Technologiedatenmodelle des Bearbeitungselementes werden automatisch im Hintergrund generiert.

Um vollständige Arbeitspläne erzeugen zu können, müssen auch Nicht-NC-Arbeitsvorgänge wie "Sichtprüfung des Gußteiles" oder "Entgraten" sowie Prüfanweisungen in den Arbeitsplan geschrieben werden. Dazu stehen die durch den Anwender frei konfigurierbaren Menüs zur Verfügung.

Nicht-NC-Arbeitsgänge können zum einen als rein alphanumerische Ausgaben in den Arbeitsplan geschrieben werden. Darüber hinaus können auch für sie geometrische und technologische Informationen generiert und in den Arbeitsplan ausgegeben werden. Dadurch kann beim "Lesen eines Arbeitsplanes" und der damit verbundenen Visualisierung aller Informationen der gesamte Fertigungsablauf am Bildschirm nachvollzogen werden. Beim Lesen der Arbeitsplaninformation "Planfräsen der Stirnfläche auf konventioneller Fräsmaschine" wird die zu fräsende Fläche am Bildschirm grafisch dargestellt.

Im Zuge der Arbeitsplanerstellung entscheidet der Planer auch über die einzusetzenden Bearbeitungseinrichtungen. Dabei wählt er in der Regel aufgrund seiner Erfahrung die günstigste Maschine oder Maschinengruppe aus /2.21/.

Wird ein Arbeitsplatz aus der Maschinendatei (siehe Kapitel 4.6) für bestimmte Arbeitsgänge ausgewählt, erfolgt ein entsprechender Eintrag in den Arbeitsplan. Die erste Zeile der Maschinendatei wird dabei in den Arbeitsplan geschrieben. Auf die Kenndaten der Bearbeitungseinrichtung, die im Arbeitsplan stehen, kann bei den weiteren Tätigkeiten im Rahmen der Arbeitsablaufplanung zugegriffen werden. Zum Beispiel wird bei der NC-Programmerstellung automatisch anhand der Anzahl der zur Verfügung stehenden Achsen der Maschine erkannt, ob eine Bearbeitung möglich ist oder nicht.

5.2.4 Berechnung der Vorgabezeiten

Bei der Arbeitsplanerstellung kann automatisch eine Ermittlung der Vorgabezeiten durchgeführt werden. Im Arbeitsplanungssystem werden die einzelnen Arbeitsgänge durch die Bearbeitungselemente definiert. Die Zerspanvolumen einzelner Bearbeitungen kann sich das System selbst ermitteln. Zeitanteile für die einzelnen Bearbeitungen sind darauf aufbauend über entsprechende Formeln zu errechnen /2.3, 2.69/. Die Zeitanteile für die einzelnen Arbeitsvorgänge werden für jede Bearbeitungseinrichtung addiert und in den Arbeitsplan übernommen.

5.2.5 Ausgabe des Arbeitsplanes

In Bild 5.9 ist ein Ausschnitt eines kompletten Arbeitsplanes dargestellt. Innerhalb einer Bearbeitungsrichtung ("% Normal" in Bild 5.9) sind auf dem Bearbeitungszentrum DC30 eine Flächenbearbeitung und die Bearbeitung eines Gewindes durchzuführen. Wesentliches Kennzeichen des Arbeitsplanes ist die logische Verknüpfung der alphanumerischen Arbeitsplaninformationen mit den Geometrie- und Technologieinformationen des Werkstückmodells.

Ident-Nr. *4711-007*	Benennung *Spindelkasten*		Datum *1.10.90*	Firma *TU MÜNCHEN*
Zeichnungs-Nr. *Z-123-456-789*	Bearbeiter *Linner*	Letzte Änd. *1.1.89*	Bemerkung:	
Auftrags-Nr. *999-111*	Geometrie-Db.: *Spika.udb*	Layout *Spika.lay*		

```
Remark: Erste Bearbeitung auf der Stirnseite
%VIEW          0. 059    -0. 010       0. 008  -126. 878   0. 000     0. 000     22. 953
%NC------------------------------------------------------------------------------------
Maschine : Maschine_Typ_DC30,   KoSt.: 44      DM7h:325,-       Achsen: 4
%NORMAL        -75. 000   -47. 500     -10. 500    -75. 000     -47. 500     -40. 229
----------------------------------------------------------------------------------------
FLAECHE_1      GUETE        ___EBEN            MA              TE   10. 2
%---------------------------------------------------------------------------------------
BOHRUNG_1  AN 2       MA          TR ______                    TE    01.5
%DURCHMESSER     9.5        TIEFE          -9. 00    TOLERANZ        H7
%MPOINT          -75. 000     -37. 500     -10. 500        -75. 000    -37. 500    -19. 500
GEWINDE_1        MA                TR______                    TE    02.0
Gewindegroesse     M        10. 00   TIEFE       -9. 00        GUETE
%NC------------------------------------------------------------------------------------
Remark: Bearbeitung auf der Schmalseite
%VIEW            0.035     -0. 082      -0. 015   -84. 363         -6. 137   -2. 079     50.067
```

Bild 5-9: *Auszug aus einem kompletten Arbeitsplan*

Beim Ignorieren aller "%-Zeilen" liegt ein Arbeitsplan in "gewohnter" Form vor. Dieser Arbeitsplan kann beispielsweise in PPS-Systeme übernommen werden.

5.3 Durchführung von Varianten- oder Ähnlichkeitsplanungen

Das in Kapitel 4.7 beschriebene Datenmodell des Arbeitsplanungssystems erlaubt auch die Durchführung von Varianten- oder Ähnlichkeitsplanungen (Bild 5.10).

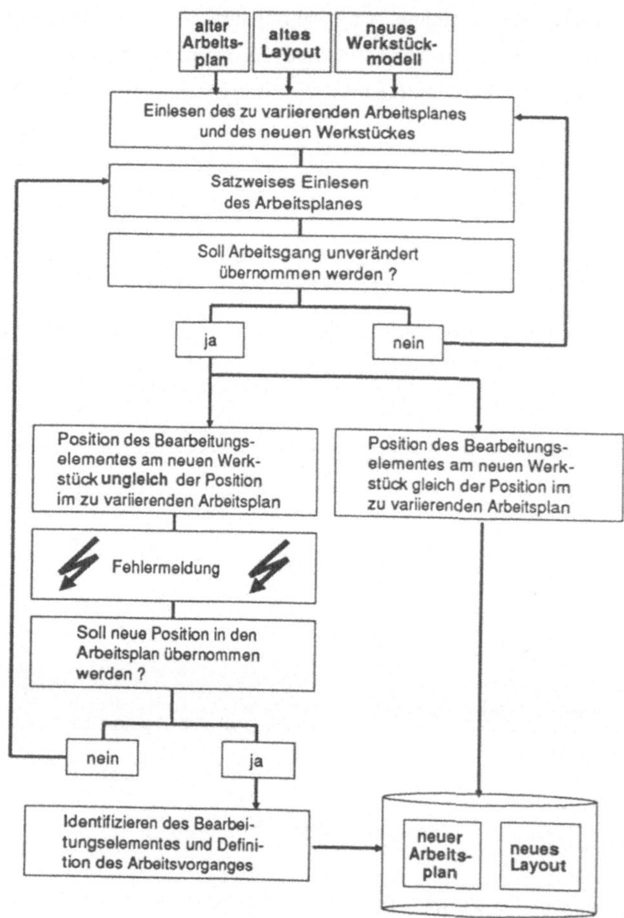

Bild 5-10: *Durchführung von Varianten- oder Ähnlichkeitsplanungen*

Das neu zu planende Werkstück wird über Standardschnittstellen eingelesen. Zum neuen Werkstück werden der zu variierende Arbeitsplan und die entsprechende Layoutdatei eingelesen.

In der "alten" Layoutdatei sind alle im zu variierenden Arbeitsplan eingetragenen Bearbeitungen als Objekte gespeichert. Durch das satzweise Lesen des zu variierenden Arbeitsplanes werden am neu zu planenden Werkstück die "alten Objekte", soweit vorhanden, grafisch angezeigt.

Stimmen die Geometriedaten des neuen Werkstückes mit den zum zu variierenden Arbeitsplan gehörenden Bearbeitungselementen ("altes Objekt") überein, werden sie in den neuen Arbeitsplan übernommen.

Stimmen "alte Objekte" und neues Werkstück nicht überein, wird dies durch das Arbeitsplanungssystem angezeigt, und die entsprechenden Bearbeitungselemente müssen wie bei einer Neuplanung generiert werden. Kommen neue Arbeitsgänge mit neuen Bearbeitungselementen hinzu, werden diese ebenfalls wie bei einer Neuerstellung eines Arbeitsplanes definiert.

5.4 Vorrichtungsplanung

Die Vorrichtungsplanung wird meist im Zuge der Arbeitsplanerstellung, spätestens aber bei der NC-Programmierung, durchgeführt. Dabei werden die Aufspannungen für bestimmte Fertigungseinrichtungen bzw. für bestimmte Arbeitsgänge festgelegt. Grundsätzlich gilt es, zwischen dem Einsatz von Vorrichtungen, die für ein Werkstück und eine Aufspannung speziell konstruiert wurden, und dem Einsatz von Spannbaukastenelementen zu unterscheiden.

Spezielle Vorrichtungen werden nach dem Aufruf des Menüpunktes "Vorrichtung einlesen" über die Standardschnittstellen in das Arbeitsplanungssystem übernommen und zum Werkstückmodell plaziert (Bild 5.11) /2.49, 2.52/.

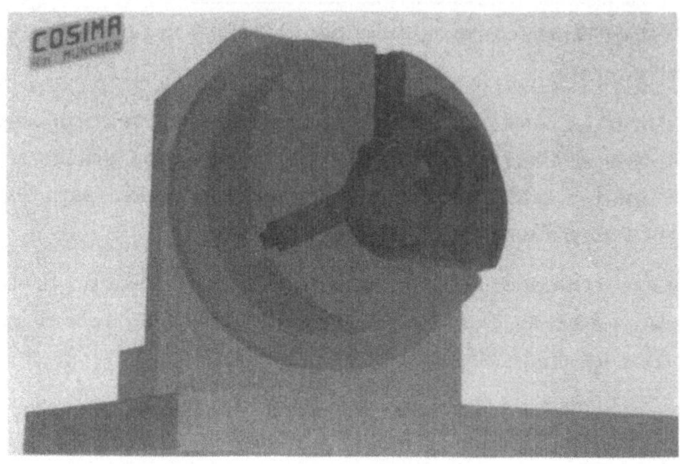

Bild 5-11: *Werkstück und speziell konstruierte Vorrichtung in Volumenmodelldarstellung*

Werden zur Bearbeitung Spannelemente eines Vorrichtungsbaukastens benutzt, so erfolgt der Aufbau der Vorrichtung im Arbeitsplanungssystem. Vorraussetzung dazu ist eine 3D-CAD-Darstellung der Spannelemente. Durch die Identifikation von Punkten am Werkstück oder an einzelnen Vorrichtungselementen werden die Spannelemente am grafischen Bildschirm plaziert. Einzelne Spannelemente werden zu Gruppen zusammengefaßt und anschließend als Einheit zum Werkstück plaziert (Bild 5.12) /2.49, 2.52/.

Die einzelnen Elemente einer Vorrichtung sowie die Lage der Spannelemente untereinander und deren Lage zum Werkstück werden in der zum Arbeitsplan gehörenden Layoutdatei eingetragen (siehe Kapitel 4.6). Der Aufbau der Vorrichtung ist dadurch jederzeit nachvollziehbar. Aus der Layoutdatei kann darüberhinaus eine Stückliste aller Vorrichtungselemente erzeugt werden.

Bild 5-12: *3D-Volumenmodelldarstellung eines Werkstückes und einer Baukastenvorrichtung*

5.5 NC-Programmierung

5.5.1 Generierung von NC-Programmen aus dem Arbeitsplan

Aus den bei der Arbeitsplanerstellung erzeugten Datenmodellen werden im NC-Modul des Arbeitsplanungssystems NC-Teileprogramme erzeugt. Bei der Umsetzung der Arbeitsplaninformationen im NC-Modul wird ein EXAPT-Teileprogramm (Extended Subset of APT) generiert (Bild 5.13) /5.1, 5.2/. Aus dem EXAPT-Teileprogramm wird mit dem EXAPT-Prozessor das CLDATA-Format erzeugt. Zur Anpassung an die jeweiligen Bearbeitungseinrichtungen kommen entsprechende Postprozessoren zur Erzeugung der Maschinenprogramme nach DIN 66025 zum Einsatz.

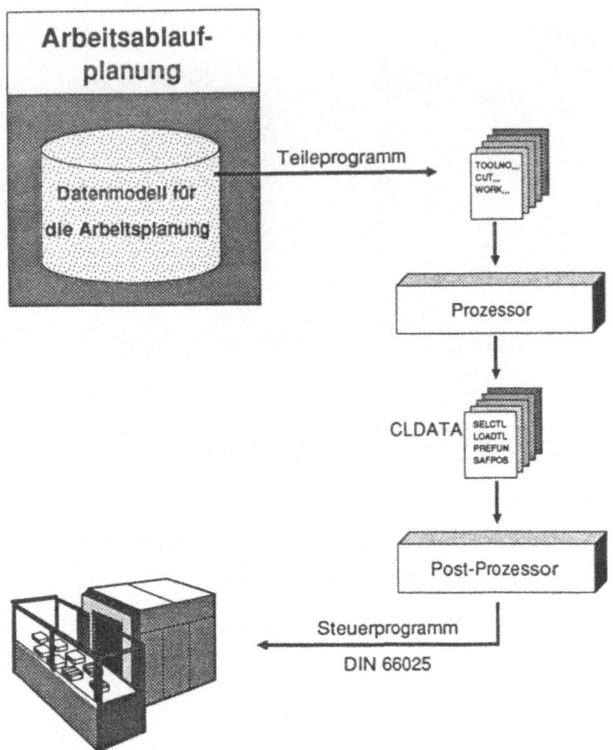

Bild 5-13: *Generierung von NC-Teileprogrammen aus dem Datenmodell des Arbeitsplanungssystems*

Die Erzeugung eines EXAPT-Teileprogrammes ist nur als ein Beispiel für ein mögliches Ausgabeformat anzusehen. Beliebig andere Formate können ebenso erzeugt werden. Die Generierung eines Datenformates eines industriell verfügbaren NC-Programmiersystems erlaubt die Nutzung der technologischen Dateien wie Werkstoff- oder Schnittwerttabellen sowie der entsprechenden Berechnungsprogramme der jeweiligen, bisher in den Unternehmen eingesetzten Programmiersysteme /2.3, 2.48/.

5.5.2 Prinzipielle Arbeitsweise bei der NC-Programmerstellung im Arbeitsplanungssystem

In Kapitel 4.1 wurde bereits darauf hingewiesen, daß die Trennung der Tätigkeiten der Arbeitsplanerstellung und der NC-Programmierung bei der Beschreibung des entwickelten Arbeitsplanungssystems eine rein formale Trennung ist. Datentechnisch sind Arbeitsplanerstellung und NC-Programmierung vollständig integriert.

NC-Programme werden durch das "Lesen und Ergänzen des Arbeitsplanes" aus dem bei der Arbeitsplanerstellung generierten Datenmodell erzeugt. Es gibt zwei mögliche Vorgehensweisen zur Erstellung von NC-Programmen im Arbeitsplanungssystem (Bild 5.14). Zum einen können, sofern es sich um NC-Arbeitsgänge handelt, nach der Definition eines jeden Arbeitsvorganges bei der Arbeitsplanerstellung sofort Teileprogrammsätze generiert werden. Zum anderen kann zunächst ein vollständiger Arbeitsplan erzeugt werden. Auf der Basis des vollständigen Arbeitsplanes findet dann die NC-Programmierung statt.

In der Praxis wird es trotz der Möglichkeit, Arbeitsplan und NC-Programm fast parallel zu generieren, üblich sein, zunächst den kompletten Arbeitsablauf für die Fertigung eines Werkstückes zu planen und anschließend die NC-Programmierung durchzuführen.

Zum einen wird für die Tätigkeiten der Arbeitsplanerstellung und der Programmierung teilweise unterschiedliches Wissen benötigt. So steht bei der Arbeitsplanerstellung nicht die geeignete Wahl eines Werkzeugschneidstoffes im Vordergrund, sondern die Wahl der geeigneten Bearbeitungseinrichtung und damit verbunden die Einhaltung einer Bearbeitungsreihenfolge innerhalb des gesamten Produktentstehungsprozesses. Des weiteren macht es auch bei der Programmierung beispielsweise im Hinblick auf die Reduktion der notwendigen Werkzeugwechsel Sinn, einen kompletten Arbeitsplan oder zumindest den Teil eines Arbeitsplanes, der sich auf eine Aufspannung bezieht, als Eingangsdatum für die Programmierung zu nutzen.

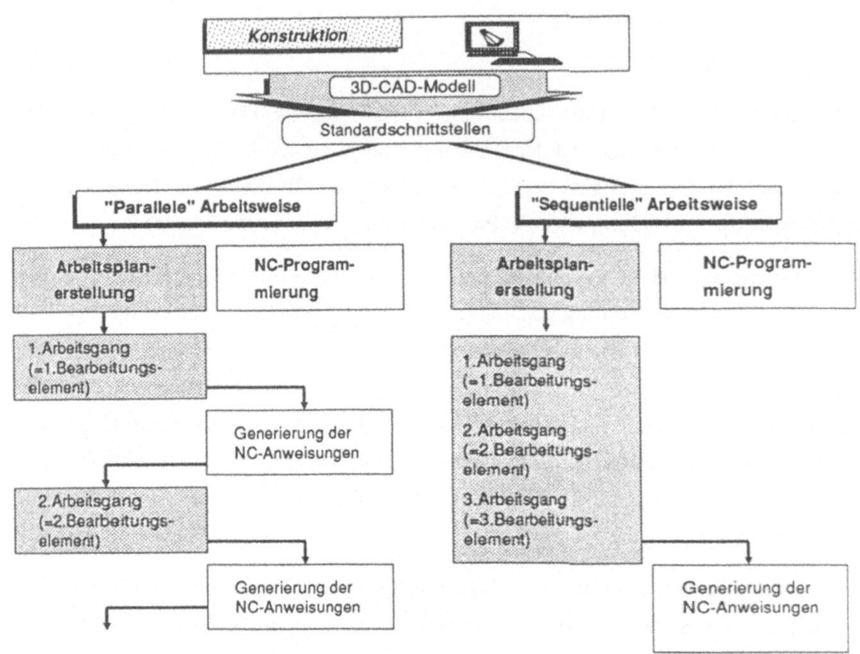

Bild 5-14: *Grundsätzliche Möglichkeiten der Generierung von NC- Teileprogrammsätzen im Arbeitsplanungssystem*

Aus datentechnischer Sicht sind die beiden in Bild 5.14 dargestellten Vorgehensweisen als vollkommen gleichwertig anzusehen. In beiden Fällen werden die bei der Arbeitsplanerstellung generierten Datenstrukturen eines jeden Bearbeitungselementes dem NC-Modul als Eingangsdaten zur Verfügung gestellt. Die NC-Programmierung beschränkt sich im wesentlichen auf die Ergänzung der Arbeitsplaninformationen durch fertigungstechnisch relevante Informationen. In Bild 5.15 ist die prinzipielle Vorgehensweise bei der Programmierung im NC-Modul des Arbeitsplanungssystems dargestellt.

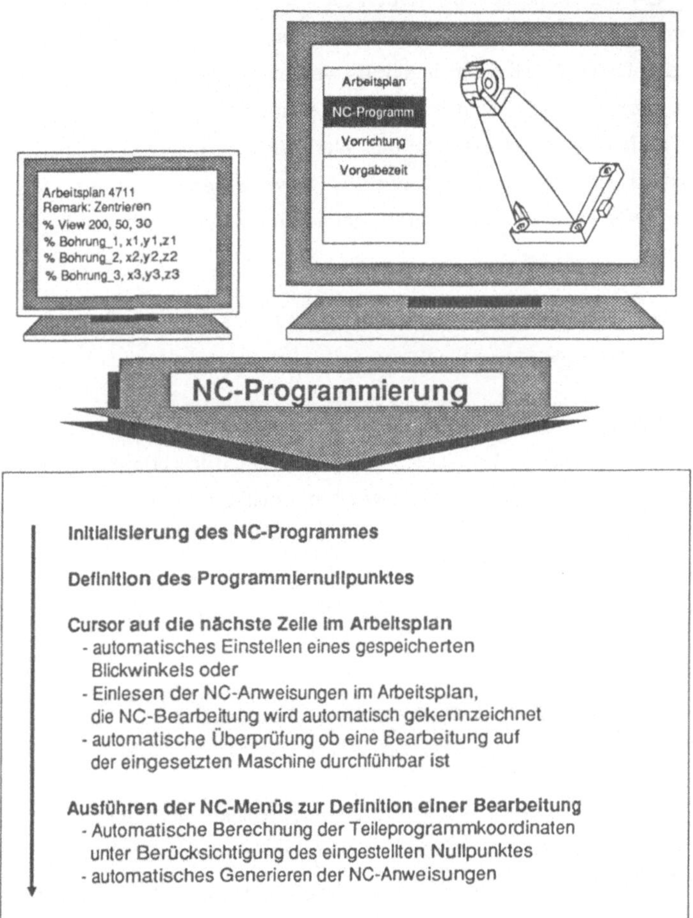

Bild 5-15: *Prinzip der NC-Programmerstellung - satzweise Weiterverarbeitung des Arbeitsplanes*

Der Arbeitsplan wird bei der NC-Programmerstellung stets auf dem alphanumerischen Bildschirm, das Werkstückmodell auf dem grafischen Bildschirm angezeigt. Das im Hintergrund generierte NC-Programm kann jederzeit auf dem alphanumerischen Bildschirm sichtbar gemacht und gegebenenfalls editiert werden.

Bei der NC-Programmerstellung werden die im Arbeitsplan enthaltenen NC-Anweisungen satzweise abgearbeitet. Die Anweisungen aus dem Arbeitsplan bzw. die entsprechenden Datensätze des Datenmodells werden interaktiv zu Teileprogrammsätzen weiterverarbeitet. Wird eine Arbeitsplanzeile eingelesen, in der eine Werkstückansicht gespeichert wurde, so erscheint das Werkstück entsprechend auf dem grafischen Bildschirm (siehe Kapitel 5.2.1). Nicht-NC-Anweisungen werden ignoriert. Die wesentlichen Teilschritte der Teileprogrammerstellung werden im folgenden beispielhaft dargestellt.

5.5.3 Initialisierung des NC-Programmes

Beim erstmaligen Aufruf des NC-Modules über das Bildschirmmenü und nach der Eingabe eines Teileprogrammnamens wird automatisch ein Teileprogrammkopf erzeugt. Im Kopfteil des Teileprogramms werden insbesondere die Technologiedateien des Programmiersystems EXAPT angesprochen, die für Prozessor- und Postprozessorlauf zu aktivieren sind.

5.5.4 Definition eines Programmiernullpunktes

Für die NC-Programmierung werden die Geometriedaten aller Bearbeitungselemente, auf die über den Arbeitsplan zugegriffen wird, auf ein Werkstückkoordinatensystem bezogen. Nach der Generierung des Teileprogrammkopfes wird die Lage des Werkstückkoordinatensystems zum Werkstück und zur Vorrichtung vom System abgefragt. Über grafische oder numerische Funktionen wird das Werkstückkoordinatensystem plaziert.

Die Umrechnung der Koordinaten aus dem Arbeitsplan in das Werkstückkoordinatensystem erfolgt im Arbeitsplanungssystem automatisch. Die Transformation dieser Teileprogrammkoordinaten in das Koordinatensystem der Bearbeitungseinrichtung übernimmt bei der Generierung der maschinenspezifischen Steuerdaten der Postprozessor.

5.5.5 Grafisch interaktive Generierung von NC-Anweisungen

5.5.5.1 Automatische Ermittlung von Tisch- und Vorrichtungsdrehungen

Beim Einlesen einer NC-Bearbeitungsanweisung aus dem Arbeitsplan und vor der Erstellung der NC-Programmanweisungen wird im NC-Modul automatisch überprüft, ob die gewünschte Bearbeitung auf der eingesetzten Fertigungseinrichtung möglich ist oder nicht.

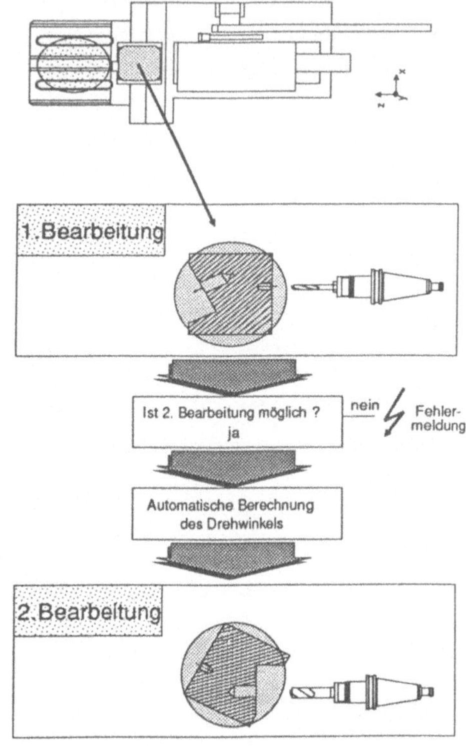

Bild 5-16: *Überprüfung der Bearbeitungsmöglichkeiten*

Es wird dabei zunächst festgestellt, ob die Anzahl der verfügbaren translatorischen und rotatorischen Achsen der gewählten Fertigungseinrichtung eine Bearbeitung ermöglichen. In Bild 5.16 ist die Notwendigkeit einer solchen Überprüfung dargestellt. Um die "zweite Bearbeitung" durchführen zu können, muß die Fertigungseinrichtung über eine Drehachse verfügen.

Die Anzahl der zur Verfügung stehenden Achsen wird durch Auswertung der im Arbeitsplan enthaltenen ersten Zeile der Maschinendatei erkannt. Damit auch für Fertigungseinrichtungen, die nicht in dieser Datei enthalten sind, die Überprüfung möglich ist, wird automatisch bei der Initialisierung des NC-Programmes die Anzahl der Bearbeitungsachsen vom System nochmals abgefragt.

Bild 5.17 zeigt eine Bohrbearbeitung, die in der dargestellten Aufspannung nur auf einer Fünf-Achsen-Maschine gefertigt werden kann.

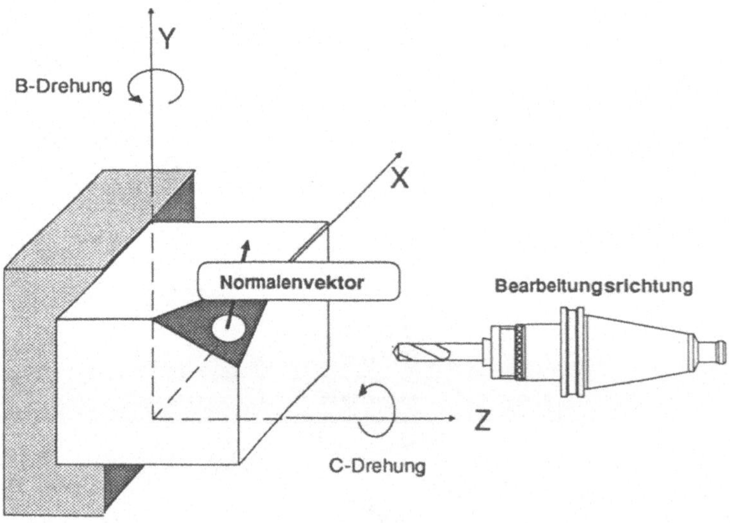

Bild 5-17: *Fünf-Achsen-Bohrbearbeitung*

Die Berechnung der zur Bearbeitung notwendigen Tisch- oder Vorrichtungsdrehungen führt das System automatisch durch (Bild 5.18). Für jeden Arbeitsgang bzw. jedes Bearbeitungselement überprüft das System, ob der Normalenvektor des Elementes mit der Spindelachse durch Einsatz der zur Verfügung stehenden translatorischen und rotatorischen Achsen der Bearbeitungseinrichtung zur Deckung gebracht werden kann.

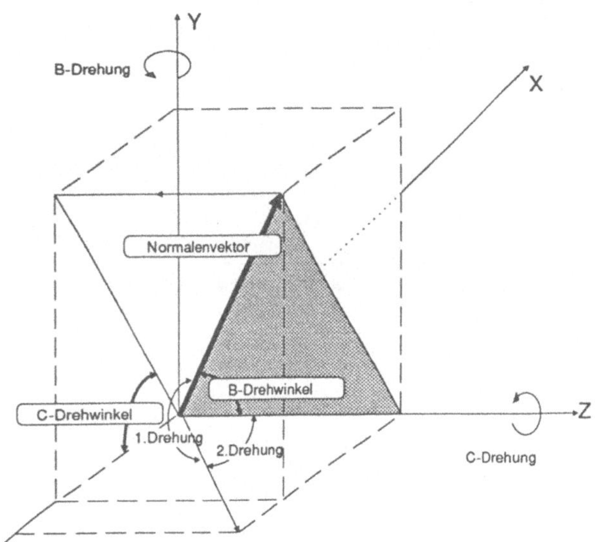

Bild 5-18: *Ermittlung der Drehwinkel*

Drei Bearbeitungsfälle werden derzeit im Arbeitsplanungssystem unterschieden:

Fertigungseinrichtung mit drei Bearbeitungsachsen:

- Es gibt nur drei translatorische Freiheitsgrade zwischen Werkstück und Werkzeug (x-, y-, z-Achse). Die Bearbeitung des Werkstückes ist nur in der Aufspannungslage ohne Drehung möglich.

Fertigungseinrichtung mit vier Bearbeitungsachsen:

- Zu den drei translatorischen Achsen kommt ein rotatorischer Freiheitsgrad. Die Drehung des Werkstückes um eine Achse ist möglich (x-, y-, z-Achse und Drehung um die B-Achse).

Fertigungseinrichtung mit fünf Bearbeitungsachsen:

- Zu den drei translatorischen Achsen kommen zwei rotatorische Freiheitsgrade. Die Drehung des Werkstückes ist um zwei Achsen möglich (x-, y-, z-Achse und Drehung um die B- und C-Achse).

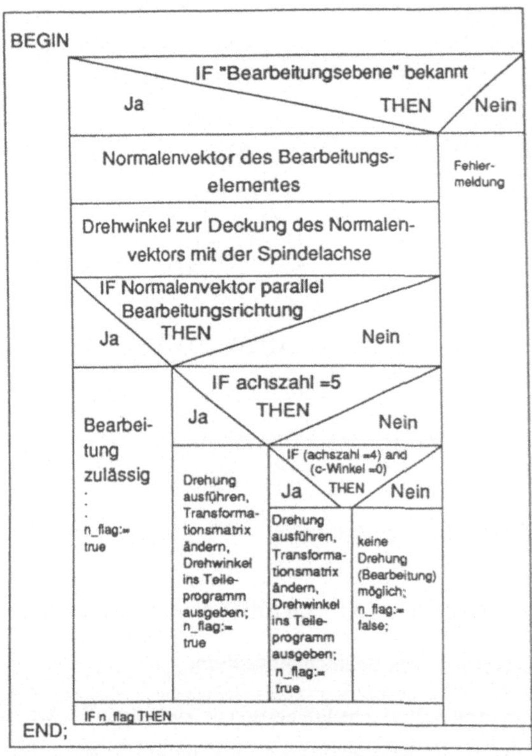

Bild 5-19: *Programmstruktur zur automatischen Ermittlung von Tisch- und Vorrichtungsdrehungen*

Ist eine Bearbeitung zulässig, werden die entsprechenden NC-Anweisungen zur B- bzw. C-Achsendrehung automatisch an der richtigen Stelle in das Teileprogramm geschrieben (Bild 5.19). Um mögliche Kollisionen bei Drehungen des Maschinentisches oder der Vorrichtung zu vermeiden, wird neben den Befehlen zur Tischdrehung im Teileprogramm automatisch eine Anweisung generiert, die das Werkzeug vor jeder Drehung um einen festen Betrag aus dem Arbeitsraum zurückzieht.

5.5.5.2 Generierung der NC-Bearbeitungsanweisungen

Kann ein Bearbeitungselement auf der ausgewählten Maschine gefertigt werden, wird die durchzuführende Bearbeitung am Werkstück farblich gekennzeichnet. Die Arbeitsplanzeilen, die NC-Anweisungen enthalten, werden grafisch interaktiv über die Menüsteuerung zu NC-Programmanweisungen weiterverarbeitet (Bild 5.20).

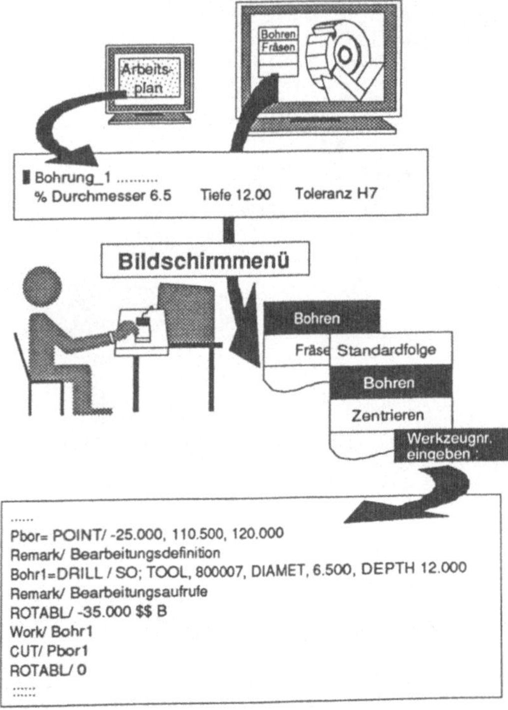

Bild 5-20: *Generierung der NC-Teileprogrammsätze zur Bearbeitung einer Bohrung*

Bild 5.20 zeigt den Ablauf bei der Erstellung der NC-Anweisungen für eine Bohrbearbeitung. Mit einer alphanumerischen Antwort auf die Systemabfrage "Geben sie die Werkzeugnummer ein:" werden automatisch alle NC-Anweisungen in das Teileprogramm geschrieben.

Die prinzipielle Arbeitsweise ist für alle Bearbeitungselemente gleich. Unterschiede bestehen lediglich im Umfang der notwendigen interaktiven Eingaben.

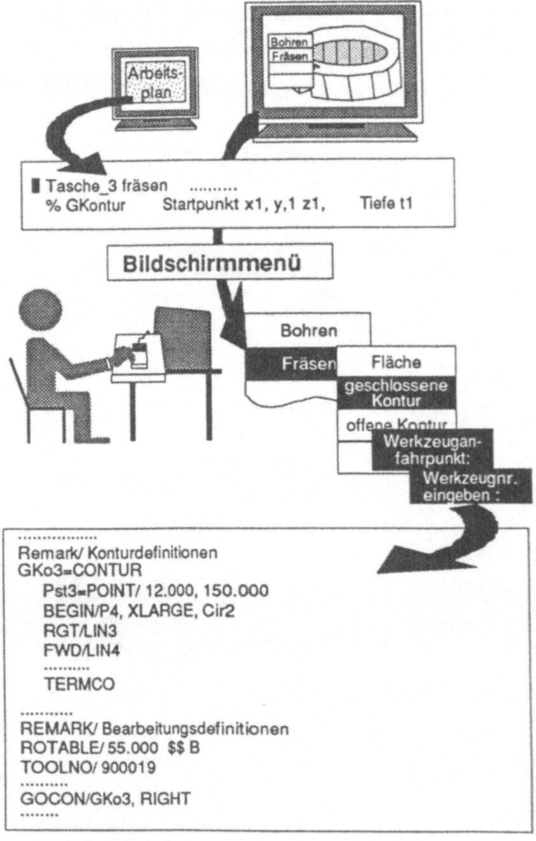

Bild 5-21: *Generierung der NC-Teileprogrammsätze für eine Konturbearbeitung*

Die halbautomatische Generierung der NC-Anweisungen für konturgebundene Fräsbearbeitungen wie Taschen- oder Umfangsfräsen ist in Bild 5.21 dargestellt. Durch drei Menüaufrufe, die Eingabe der Werkzeugnummer sowie eines Werkzeuganfahrpunktes an die Kontur (bis zu diesem Punkt fährt das Werkzeug im Eilgang) werden automatisch die NC-Teileprogrammsätze generiert. Dazu werden u.a. die in den jeweiligen Datenmodellen gespeicherten Geometrieinformationen eines jeden Bearbeitungselementes automatisch in die EXAPT-Syntax umgewandelt. Da innerhalb des NC-Programmes geometrische Elemente mehrfach aufgerufen werden, sind diese automatisch als Variable gespeichert und als solche ins Teileprogramm eingetragen.

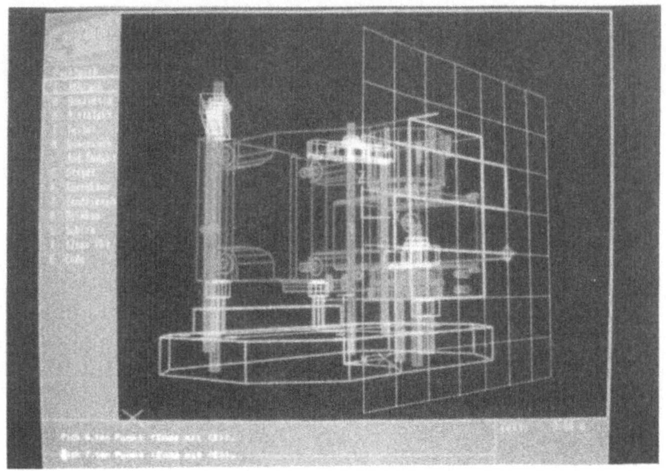

Bild 5-22: *Definition einer Fräsbearbeitung für eine Fläche*

Neben der Möglichkeit der Generierung von konturgebundenen NC-Anweisungen besteht die Möglichkeit, freie Verfahrwege für Werkzeuge festzulegen. Beim Aufruf des entsprechenden Menüs wird automatisch über die zu bearbeitende Fläche ein verschiebliches Gitter gelegt. Durch das Identifizieren von beliebigen Gitterpunkten werden die Verfahrwege des Werkzeuges definiert (Bild 5.22).

Die interaktiv aus dem Arbeitsplan generierten NC-Teileprogramme werden, wie bereits in 5.5.1 erwähnt, über Prozessor- und Postprozessorlauf in Maschinenprogramme nach DIN 66025 umgewandelt. Diese NC-Programme können dann zur Überprüfung auf eventuell noch vorhandene Kollisionen in NC-Simulationssystemen simuliert werden /2.49, 2.52/. Kollisionen aufgrund fehlerhafter Geometriedefinitionen im NC-Programm treten bei der Erstellung der NC-Programme im realisierten Arbeitsplanungssystem nicht auf. Kollisionen von Werkzeug und Vorrichtung beispielsweise sind jedoch nicht auszuschließen, so daß eine Simulation der Bearbeitung vor Beginn der eigentlichen Fertigung durchaus sinnvoll ist.

6. Diskussion

6.1 Zeitsparen durch Aufgabenintegration

Datentechnische und organisatorische Schnittstellen sind maßgeblich für lange Auftragsdurchlaufzeiten in den Bereichen der Konstruktion und Arbeitsvorbereitung verantwortlich. Im Rahmen der technischen Auftragsabwicklung verursachen organisatorische Schnittstellen vor allem Liegezeiten. Darüber hinaus fallen geistige Rüstzeiten, analog zu Rüstzeiten an einer Bearbeitungseinrichtung vor jedem neuen Auftrag, beim Menschen vor Beginn der eigentlichen Arbeit an. Informationsverluste durch unzureichende datentechnische Schnittstellen müssen oft durch eine, zumindest partielle, wiederholte Grunddatengenerierung aufgehoben werden (Bild 6.1).

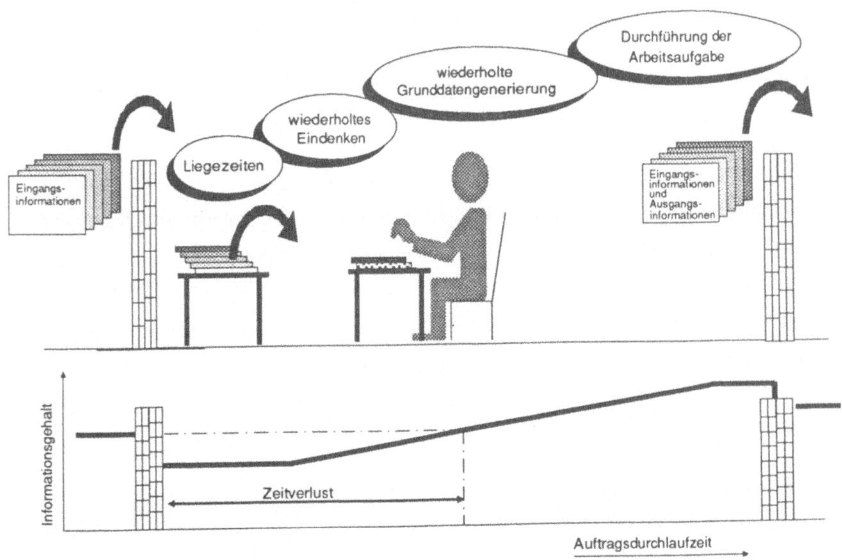

Bild 6-1: *Zeitverluste, verursacht durch organisatorische und datentechnische Schnittstellen*

Die Aufgabenintegration, d.h. eine produkt- oder auftragsorientierte Zusammenfassung verschiedener Aufgaben und Tätigkeiten, stellt einen Ansatz zur Beschleunigung betrieblicher Abläufe dar. Aufgabenintegration läßt sich in der rechnerintegrierten Produktion über die informationstechnische und die organisatorische Integration erreichen (Bild 6.2). Informationstechnische und organisatorische Integration sind eng miteinander verzahnt.

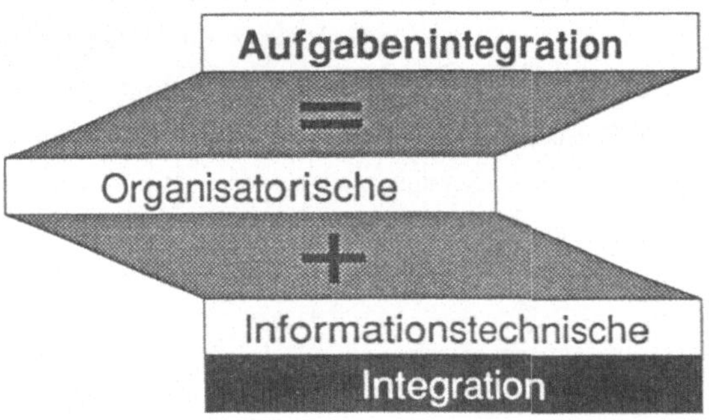

Bild 6-2: *Aufgabenintegration durch informationstechnische und organisatorische Integration*

Die Beseitigung organisatorischer Schnittstellen und damit die Verbesserung der Kommunikation zwischen den an der Produktentstehung beteiligten Menschen erleichtert zunächst die Koordination betrieblicher Aktivitäten. Darüber hinaus werden durch Kommunikation über weniger Schnittstellen hinweg Informationsverluste und Liegezeiten zwischen einzelnen Verrichtungen minimiert. Dies führt zu einer besseren und schnelleren Auftragsabwicklung. Ziel der organisatorischen Integration sind informationsflußfördernde aufbau- und ablauforganisatorische Strukturen in Unternehmen /1.4, 2.50, 6.1/.

Dies kann einerseits durch die Zusammenfassung organisatorischer Einheiten erfolgen. Organisatorische Einheiten in Unternehmen sind einzelne Menschen, Fachgruppen oder Abteilungen /1.4/. Für die Arbeitsplanung bedeutet dies, daß die in den meisten Unternehmen anzutreffende personelle, organisatorische und räumliche Trennung von Arbeitsplanerstellung, NC-Programmierung und Betriebsmittelplanung aufzuheben ist.

Eine andere Möglichkeit der organisatorischen Integration kann die Zusammenfassung aller Bereiche sein, die zur Entstehung eines bestimmten Produktes erforderlich sind. Bei dieser produktorientierten Integration wird das Produkt über die gesamte Entstehungszeit, von der Entwicklung bis zur endgültigen Fertigstellung, von einem Team begleitet.

Eine wirkungsvolle Integration von Aufgaben ist meist nur durch eine die organisatorische Integration begleitende informationstechnische Integration der jeweils eingesetzten Hilfsmittel möglich. Informationstechnische Integration ist bei vielen der industriell in Konstruktion und insbesondere in der Arbeitsplanung eingesetzten Hilfsmittel nicht möglich. Aufgabenorientierte Hilfsmittel, wie beispielsweise industriell verfügbare Arbeitsplanerstellungsysteme, sind häufig sowohl unter funktionalen als auch unter datentechnischen Gesichtspunkten als reine Insellösungen zu betrachten.

Für eine informationstechnische Integration sollten drei Forderungen erfüllt werden:

Zunächst sollten Datenmodelle, die eine durchgängige Nutzung der Informationen erlauben, vorhanden sein. Der Zugriff verschiedener Tätigkeiten bzw. verschiedener Funktionen auf das gleiche Datenmodell bzw. auf Teile des gemeinsamen Datenmodells stellt einen "automatisierten Informationsfluß" sicher und hilft, eine wiederholte Grunddatengenerierung zu vermeiden.

Neben dem automatisierten Informationsfluß muß dafür gesorgt werden, daß Daten den verschiedenen Funktionen, die auf das gemeinsame Datenmodell zugreifen, jeweils in geeigneter Form aufbereitet zur Verfügung gestellt werden. Aufgaben sollten ohne vorhergehende Datenanpassung auf der Basis aufbereiteter Datensätze durchgeführt werden. Datentechnische Rüstzeiten sind dadurch zu vermeiden.

Solange mehrere Menschen am Produktentstehungsprozeß beteiligt sind, gilt es, Informationen dem Menschen in einer Form anzuzeigen, die seiner Vorstellungswelt entspricht und die an die jeweilige Aufgabenstellung angepaßt ist. Damit kann erreicht werden, daß die geistigen Rüstzeiten zwischen einzelnen Arbeitsschritten reduziert werden.

Schließlich müssen neben Fragen der Datenaufbereitung beim Zugriff auf vorhandene Daten entsprechend gestaltete Benutzeroberflächen die Neugenerierung von Daten unterstützen. Einheitliche Benutzeroberflächen für verschiedene Funktionen sind zu schaffen, um die Benutzerfreundlichkeit und damit auch die Akzeptanz der Hilfsmittel zu erhöhen.

6.2 Bewertung des entwickelten Arbeitsplanungssystems

Das entwickelte Arbeitsplanungssystem stellt für die Tätigkeiten der Arbeitsablaufplanung wie Arbeitsplanerstellung, NC-Programmierung, Vorgabezeitermittlung oder Vorrichtungsplanung ein einheitliches Datenmodell zur Verfügung (Bild 6.3). Alle Funktionen der Arbeitsablaufplanung greifen auf diese rechnerinterne Darstellungsform, die eine Abbildung planungsrelevanter Geometrie- und Technologiedaten beinhaltet, zu. Damit entfällt eine wiederholte Grunddatengenerierung innerhalb der Arbeitsablaufplanung.

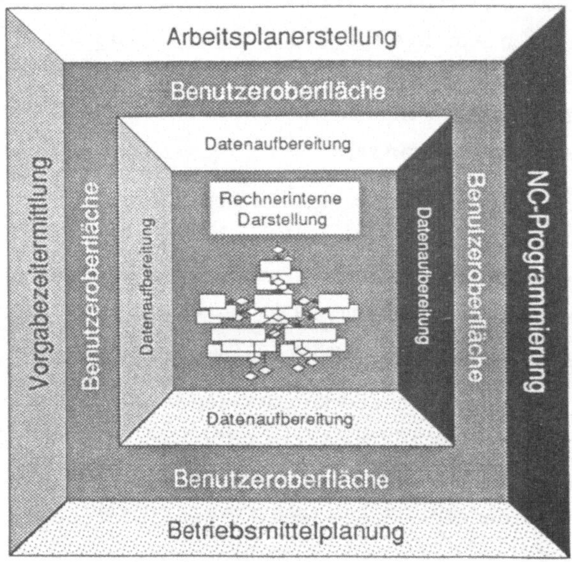

Bild 6-3: *Datenintegration und Datenaufbereitung als Elemente der informationstechnischen Integration*

Das Arbeitsplanungssystem stellt Ergebnisse der Arbeitsplanerstellung für die NC-Programmierung so aufbereitet zur Verfügung, daß sie unmittelbar weiterverarbeitet werden können. Die NC-Programmierung findet auf der Basis der rechnerinternen Auswertung der Ergebnisse der Arbeitsplanerstellung statt. Nicht der Benutzer, in diesem Fall der Programmierer, bringt die Arbeitsplaninformationen in eine für die Programmierung erforderliche Darstellungsform, sondern das Hilfsmittel selbst. Datentechnische Rüstzeiten durch Datenaufbereitung und wiederholte Grunddatengenerierung entfallen.

Wesentlicher Bestandteil des entwickelten Arbeitsplanungssystems ist neben der Verknüpfung der Geometrie- und Technologieinformationen des Werkstückmodells mit den Arbeitsplaninformationen die Benutzerunterstützung durch die grafische Darstellung aller Informationen am Bildschirm.

Neben der visuellen Überwachung eigener Tätigkeiten erlaubt das System die Visualisierung von Tätigkeiten, die bereits zu einem früheren Zeitpunkt durchgeführt wurden. Durch die Kombination aus textuellen Kommentaren und grafischer Darstellung der Informationen am Werkstück wird die Interpretation von Arbeitsergebnissen anderer, an der Produktentstehung beteiligter Menschen, wirkungsvoll unterstützt. Geistige Rüstzeiten werden reduziert.

Für die verschiedenen Tätigkeiten, die innerhalb der Arbeitsablaufplanung anfallen, stellt das entwickelte System neben einem einheitlichen Datenmodell und der aufgabengerechten Aufbereitung der Daten eine einheitliche Benutzeroberfläche zur Verfügung. Die menügeführte, grafisch interaktive Arbeitsweise macht systemspezifische, nicht-planungsrelevante Kenntsnisse weitgehend unnötig. So ist die Arbeitsplanerstellung durch die menügesteuerte interaktive Arbeitsweise mit einem minimalen Einarbeitungsaufwand in das Arbeitsplanungssystem möglich. Zur NC-Programmierung sind im Prinzip keine Kenntnisse über die Syntax einer Programmiersprache erforderlich. Die NC-Programmierung beschränkt sich auf das Einbringen von fertigungstechnischem Wissen durch den Planer.

Die Möglichkeiten zur datentechnischen Einbindung des Arbeitsplanungssystems in die Kette der Geometrie- und Technologiedatenverarbeitung sind derzeit aufgrund der Einschränkungen bei industriell verfügbaren CAD-Systemen begrenzt. Geometriedaten aus beliebigen 3D-CAD-Systemen werden im entwickelten Arbeitsplanungssystem genutzt. Technologiedaten müssen derzeit für die Aufgaben der Arbeitsablaufplanung erneut generiert werden. Die Gründe dafür liegen in der mangelnden Leistungsfähigkeit der derzeit verfügbaren CAD-Beschreibungsmodelle.

CAD-Datenmodelle bilden technologische Daten vielfach textuell ab. Diese textuellen Daten sind aufgrund fehlender logischer Verknüpfung mit dem Geometriemodell für nachfolgende EDV-Anwendungen meist nicht nutzbar /2.16, 2.40, 2.53, 2.65/. Zwei Wege zur vollständigen Integration des Arbeitsplanungssystems in die Prozeßkette der Geometrie- und Technologiedatenverarbeitung, die über die Nutzung der Geometriemodelle hinausgeht, sind mittel- bzw. langfristig denkbar.

Zunächst kann langfristig auf der Basis einer CAD-Werkstückbeschreibung, die auch die Abbildung planungsrelevanter Daten erlaubt, eine datentechnisch vollständige Integration erreicht werden. Dieser Ansatz wird mit den derzeitigen internationalen Bestrebungen zur Normung von STEP (Standard for Exchange of Product Model Data) verfolgt.

Wesentlicher Bestandteil von STEP ist die Konzeption einer datentechnischen Abbildung aller, während der gesamten Produktlebensdauer anfallenden Informationen. Ziel ist es, den Austausch von Produktdaten für alle Anwendungen durch einen genormten Zugriff auf die genormte Produktbeschreibung zu ermöglichen /2.57, 2.66, 6.2, 6.3, 6.4/.

Die Datenstruktur des Arbeitsplanungssystems erlaubt, soweit dies aus heutiger Sicht zu beurteilen ist, die Nutzung veränderter Datenstrukturen in CAD-Systemen. Sind CAD-Systeme verfügbar, die auf objektorientierten Modellierungsansätzen, wie sie den Entwicklungen zum Produktmodell und der entsprechenden Schnittstelle zugrunde liegen, aufbauen, kann das entwickelte Arbeitsplanungssystem diesen erweiterten Informationsgehalt für die Aufgaben der Arbeitsablaufplanung nutzen.

Eine weitere Möglichkeit zur Nutzung technologischer Daten im Arbeitsplanungssystem ohne die erneute Datengenerierung ist dann gegeben, wenn mit Formelementen konstruiert wird. 3D-Werkstückmodelle auf der Basis von Formelementen, die geometrische und technologische Daten innerhalb der Datenstruktur der CAD-Systeme logisch und reproduzierbar miteinander verbinden und eine Schnittstelle zur Übertragung dieser Daten erlauben die Weiterverarbeitung der Technologieinformationen im Arbeitsplanungssystem.

Das Arbeitsplanungssystem bietet die Möglichkeit, bisher personell und organisatorisch getrennte Funktionen der Arbeitsvorbereitung zusammenzuführen. Verschiedene aufgabenorientierte Hilfsmittel werden durch das entwickelte Arbeitsplanungssystem ersetzt. Auf der Basis der informationstechnischen Integration wird durch das Arbeitsplanungssystem eine organisiatorische Integration der verschiedenen Unternehmensbereiche möglich. Die Aufhebung arbeitsteiliger Strukturen in den Unternehmensbereichen der Arbeitsablaufplanung ist sehr gut möglich. Eine Beschleunigung der technischen Auftragsabwicklung bei gleichzeitiger Verbesserung der Arbeitsergebnisse kann dadurch erreicht werden.

Das Arbeitsplanungssystem liefert darüber hinaus Ansatzpunkte für eine Zusammenführung der Tätigkeiten von Konstruktion und Arbeitsplanung. Das Arbeitsplanungssystem sieht die vollständige Planung auf der Basis eines 3D-Werkstückmodells vor. Es ist damit ein wichtiges Element in der Prozeßkette der Geometrie- und Technologiedatenverarbeitung.

Auf der Basis von 3D-Produktentwürfen kann bereits vor Abschluß der Konstruktionstätigkeiten mit Aufgaben der Arbeitsablaufplanung begonnen werden. Ein Parallelschalten von Konstruktion und Arbeitsablaufplanung wird ebenfalls zur Beschleunigung der Auftragsabwicklung führen.

Die durchgängige Nutzung von 3D-Darstellungen des Produktes von der Funktionsfindung bis hin zur Erstellung der NC-Programme kann Basis für eine Neuverteilung der Aufgaben in Konstruktion und Arbeitsplanung sein. Der Weg vom 3D-Anlagenmodell zum am 3D-Werkstückmodell erstellten NC-Programm stellt eine sukzessive Detaillierung eines Datenmodells dar. Dabei nimmt mit fortschreitendem Detaillierungsgrad die Vernetzung von konstruktiven und planerischen Tätigkeiten zu (Bild 6.4).

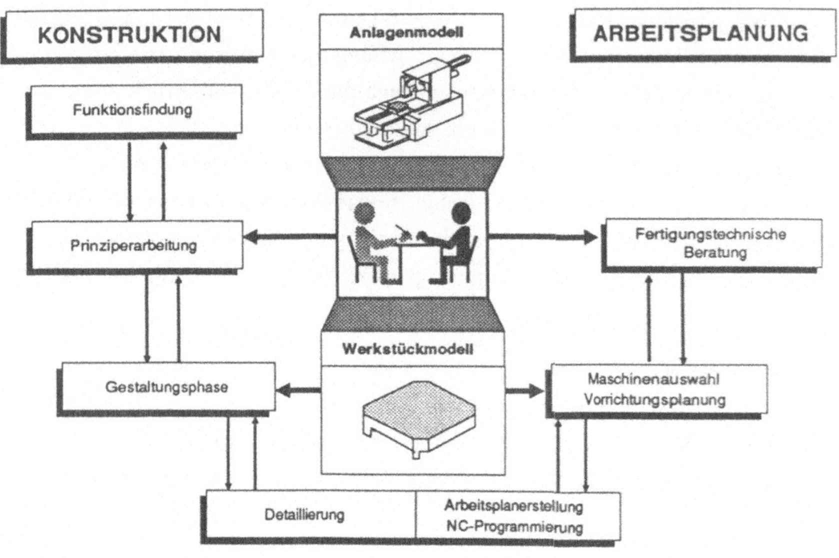

Bild 6-4: *Konstruktion und Arbeitsplanung als parallele und vernetzte Prozesse auf der Basis von 3D-Produktmodelldarstellungen*

Die Abbildung dieser steigenden Vernetzung der Arbeitsinhalte in der Ablauf- und Aufbauorganisation von Unternehmen ist durch die vollständige Integration der Arbeitsablaufplanung in die Prozeßkette der Geometrie- und Technologiedatenverarbeitung möglich. Kleine Regelkreise, in denen "konstruktives und planerisches Wissen" gemeinsam eine Produktentwicklung durchführen, sind möglich.

7. Ausblick

7.1 Aufbau eines Systems zur Grunddatenverwaltung in der Arbeitsplanung

Zur Unterstützung des Planers bei der Durchführung der verschiedenen Tätigkeiten sollte das entwickelte Arbeitsplanungssystem um Funktionen zur Verwaltung der Grunddaten in der Arbeitsplanung erweitert werden. Ein rechnergestütztes Hilfsmittel zur Grunddatenverwaltung in der Arbeitsplanung sollte die verschiedenen Tätigkeiten der Informationsbeschaffung (siehe Kapitel 2.3.2.2) unterstützen. Wesentlicher Bestandteil sollte dabei neben der Verwaltung der Grunddaten der Aufbau intelligenter Klassifizierungsschlüssel, die ein gezieltes Suchen von Planungsunterlagen und alten Planungsergebnissen ermöglichen, sein.

Im Arbeitsplanungssystem stellen die Layoutdateien (siehe Kapitel 4.7) sicher, daß der Zusammenhang zwischen Werkstückmodell, dazugehörenden Arbeitsplänen, NC-Programmen und Vorrichtungen jederzeit wiederherstellbar ist. Sowohl die Layoutdateien, die eine Stückliste der zu einer Planungsaufgabe bereits vorhandenen Informationen darstellen, als auch die darin enthaltenen einzelnen Stücklistenpositionen sollten langfristig mit Hilfe eines Datenbanksystems verwaltet werden. Mit Hilfe relationaler Datenbanken können für Layoutdateien, Arbeitspläne, NC-Programme und Betriebsmittel Speicherstrukturen aufgebaut werden, die sehr gute Unterstützung beim Auffinden alter Planungsergebnisse bieten können.

Am Beispiel eines realisierten Modules des Grundatenverwaltungssystems werden insbesondere zwei Funktionsblöcke beschrieben, die über die allgemeinen Verwaltungsfunktionen von Daten hinausgehen. Für die Aufgaben der Arbeitsplan-, der NC-Programm- und der Vorrichtungsverwaltung sollten analog zur realisierten Werkzeugverwaltung für die jeweiligen Aufgaben geeignete Funktionen konzipiert und aufgebaut werden.

7.1.1 Beispiel für die Grunddatenverwaltung in der Arbeitsplanung

Das Werkzeugverwaltungssystem ist auf der verteilten relationalen Datenbank INGRES implementiert. Neben der Verwaltung der Werkzeugstammdaten sind Module zur Werkzeugklassifizierung sowie zur Führung eines Werkzeugverwendungsnachweises realisisiert.

Werkzeugstammdaten von Werkzeugkomponenten und Komplettwerkzeugen werden als Soll-Daten gespeichert. Zusätzliche Angaben, die beispielsweise für die Technologiedateien des NC-Programmiersystems EXAPT notwendig sind, sind in der Datenstruktur der Werkzeugverwaltung enthalten. Bild 7.1 zeigt den Aufbau einer Bildschirmmaske zur Neuanlage eines Komplettwerkzeuges.

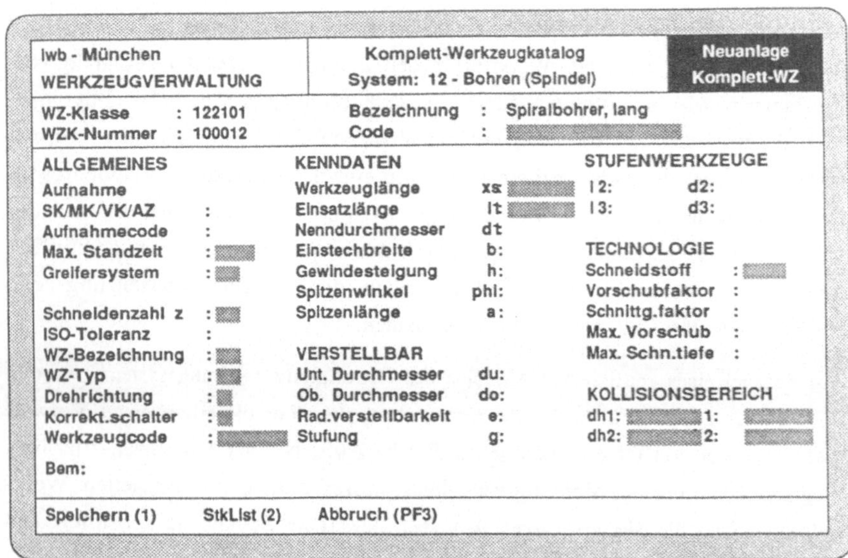

Bild 7-1: *Bildschirmmaske zum Datenblatt eines Komplettwerkzeuges*

Die im Arbeitsplanungssystem derzeit implementierten Maschinendateien könnten langfristig ebenfalls mit Hilfe einer Datenbank verwaltet werden. Die Verwaltung alphanumerischer Informationen zu Vorrichtungen und Elementen von Spannbaukästen sollte ähnlich realisiert werden. Zur Visualisierung der Werkzeuge oder Vorrichtungen sollten Grafikfunktionen implementiert werden.

Neben den Datenstrukturen zur Verwaltung der Werkzeugstammdaten ist ein Klassifizierungssystem für Werkzeuge implementiert, das die Suche nach verfüg- und einsetzbaren Werkzeugen beispielsweise bei der NC-Programmierung unterstützt. Über eine Dezimalklassifikation werden dem System vom Benutzer die bekannten Werkzeugmerkmale mitgeteilt (Bild 7.2).

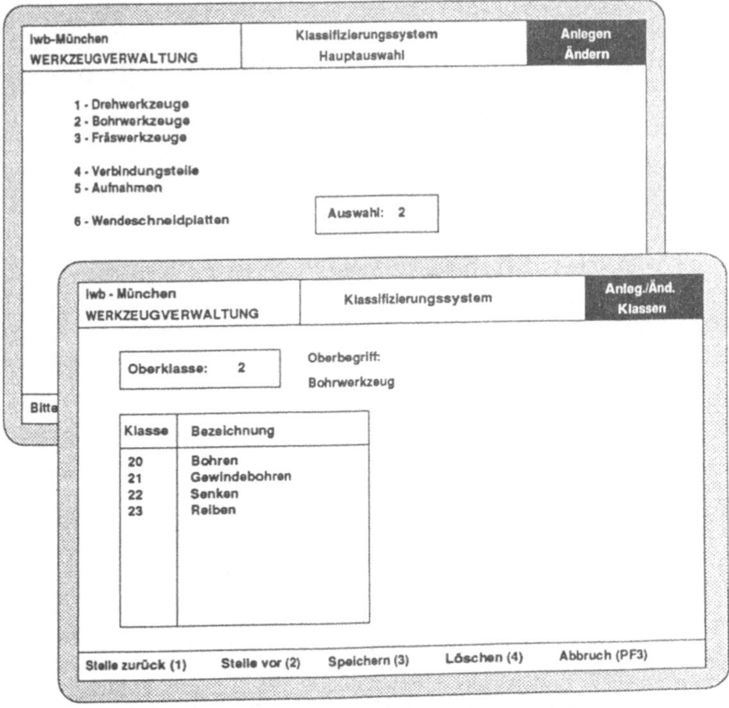

Bild 7-2: *Bildschirmmasken für die Werkzeugklassifizierung*

Im Dialog zwischen Werkzeugverwaltung und Bediener wird das gesuchte Werkzeug immer genauer definiert. Auf die Stammdaten einzelner Werkzeuge kann über die Klassifizierungsnummer zugegriffen werden.

Für Arbeitspläne sollten ähnliche Module zur Verwaltung und Klassifizierung aufgebaut werden. Durch den schnellen Zugriff auf alte Planungsunterlagen kann der Planer sowohl bei Neuplanungs- als auch insbesondere bei Ähnlichkeitsplanungsaufgaben wirkungsvoll unterstützt werden.

Der Aufbau von Verwendungsnachweisen insbesondere über Vorrichtungen und Werkzeuge sowie eingesetzte Bearbeitungseinrichtungen unterstützt die Tätigkeiten der Arbeitsablaufplanung ebenfalls.

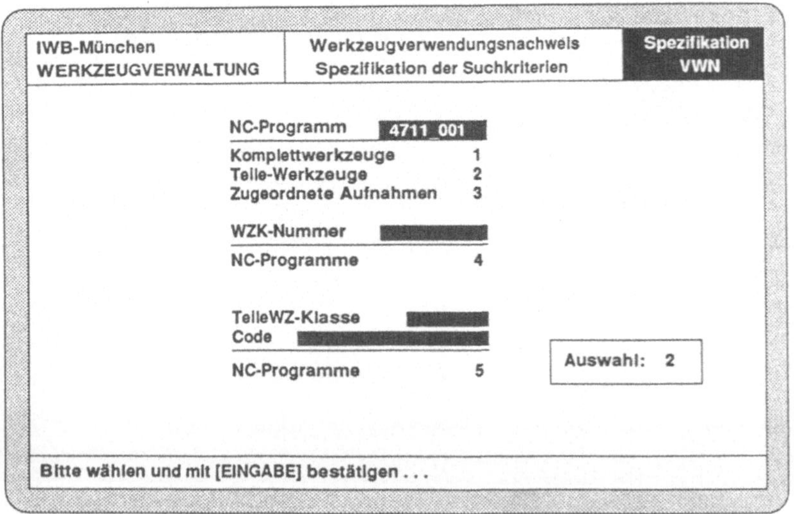

Bild 7-3: *Bildschirmmaske des Werkzeugverwendungsnachweises*

Im Werkzeugverwaltungssystem sind die Funktionen

- alle Komplett-Werkzeuge zu einem NC-Programm
- alle Werkzeugeinzelkomponenten zu einem NC-Programm

- alle NC-Programme zu einem Komplettwerkzeug

- alle NC-Programme zu einer Werkzeugeinzelkomponente

realisiert. Die Verbindung zwischen NC-Programm und Werkzeugverwaltung wird automatisch bei der Auswahl eines Werkzeuges für die NC-Programmierung hergestellt.

Verwendungsnachweise für Bearbeitungseinrichtungen und Vorrichtungen sollten analog zu den beschriebenen Funktionen konzipiert und realisiert werden. Das entwickelte Arbeitsplanungssystem könnte dann neben Neuplanungsaufgaben auch die Aufgaben der Wiederholteil- und Ähnlichkeitsplanung wirkungsvoll unterstützen.

7.2 Einbindung des Arbeitsplanungssystems in Strukturen der rechnerintegrierten Produktion

Das entwickelte Arbeitsplanungssystem sollte neben den Schnittstellen zu CAD-Systemen auch über Schnittstellen zum Austausch von Daten mit den organisatorischen / dispositiven Unternehmensbereichen verfügen (Bild 7.3).

Die technische Auftragsabwicklung wird aus verwaltungstechnischer Sicht vielfach von PPS-Systemen durchgeführt. PPS-Systeme verfügen meist über Funktionen der Termin-, Kapazitäts- und Mengenplanung sowie Funktionen zur Auftragsüberwachung und -veranlassung. Neben PPS-Systemen werden vielfach Werkstattleitsysteme zur Steuerung der technischen Auftragsabwicklung auf der Werkstattebene eingesetzt /7.1, 7.2, 7.3, 7.4/.

Werkstattleitsysteme mit den Hauptaufgaben der dispositiven Planung und operativen Ablaufsteuerung sollten, wie auch PPS-Systeme, mit dem Arbeitsplanungssystem verbunden werden. Programmbausteine zum Austausch auftragsbezogener und artikelbezogener Daten zwischen den genannten Systemen und dem Arbeitsplanungssystem sollten konzipiert und realisiert werden.

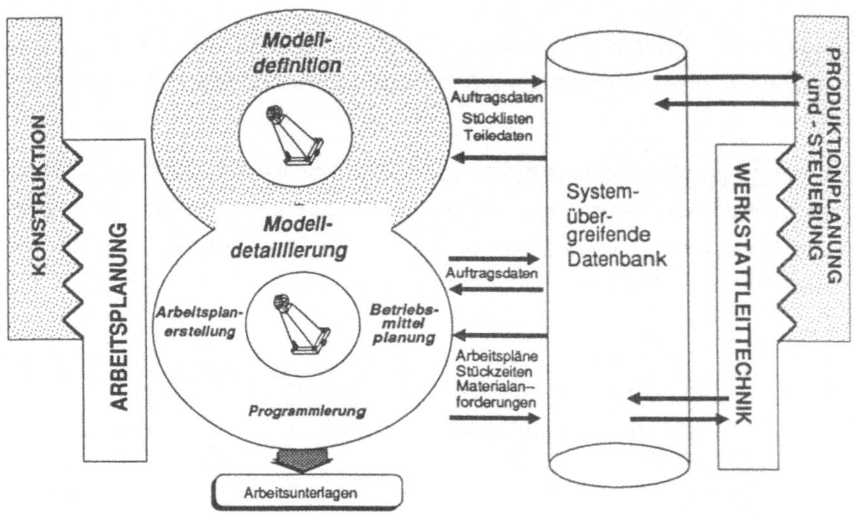

Bild 7-4: *Integration von Konstruktion und Arbeitsplanung in Strukturen der rechnerintegrierten Produktion*

Insbesondere sollten im Anschluß an die Arbeitsplanerstellung und die NC-Programmierung Arbeitsvorgangsfolgen und zugeordnete Bearbeitungseinrichtungen, ermittelte Vorgabezeiten sowie geplante Werkzeuge und Vorrichtungen für die Erfüllung der Terminierungs- und Kapazitätsplanungsaufgaben an PPS- bzw. Werkstattleitsysteme übergeben werden.

In /2.48, 7.4/ wird ein Ansatz zur Realisierung des Datenaustausches zwischen den geometrie- technologieorientierten Hilfsmitteln und den Systemen zur Bearbeitung von Auftrags- und Betriebsdaten beschrieben. Über eine relationale Datenbank als Kopplungselement zwischen den verschiedenen Bausteinen der rechnerintegrierten Produktion werden der Datentransfer, die Datenkonvertierung sowie die Verwaltung und ablauforganisatorische Steuerung von Aufträgen realisiert.

Die Realisierung einer datentechnsichen Verbindung über ein Datenbanksystem erscheint auch für das Arbeitsplanungssystem sinnvoll. Über das Datenformat der Datenbank könnte dahingehend eine offene Lösung realisiert werden, daß das Arbeitsplanungssystem mit geringem Aufwand an beliebige PPS- oder Werkstattleitssysteme über die Datenbankschnittstelle anzubinden wäre.

8. Zusammenfassung

Diese Arbeit soll einen Ansatz und ein rechnergestütztes Hilfsmittel zur Aufhebung der Arbeitsteilung in der Arbeitsplanung liefern. Möglichkeiten zur Beschleunigung der technischen Auftragsabwicklung in Unternehmen mit dem Ziel Zeitsparen bei der Auftragsabwicklung werden gesucht.

Mit dieser Zielsetzung wurden zunächst die derzeit verfügbaren rechnergestützten Hilfsmittel untersucht. Die starke Abhängigkeit von rechnergestützten Hilfsmitteln einerseits und aufbau- und ablauforganisatorischen Strukturen in Unternehmen andererseits wurden berücksichtigt.

Die Situationsanalyse zeigt, daß die vielfach anzutreffende hohe Arbeitsteiligkeit insbesondere in den Unternehmensbereichen der Arbeitsplanung durch den Einsatz rechnergestützter Hilfsmittel nicht verhindert wird. Es wird die Forderung aufgestellt, die Entwicklung eines Arbeitsplanungssystems, das eine wesentliche Schnittstelle zwischen Konstruktion und Fertigung einnimmt, stark an ablauforganisatorischen Erfordernissen auszurichten.

Im Hinblick auf eine weitgehende Unabhängigkeit der realsierten Lösung von bestehender Hard- und Software werden als Eingangsdaten für das Arbeitsplanungssystem beliebige 3D-CAD-Modelle herangezogen. Auf der Basis von Bearbeitungselementen wird ein Datenmodell zur vollständigen Abbildung planungsrelevanter Werkstückdaten definiert. Die datentechnische Integration der planungsrelevanten Informationen für alle Aufgaben der Arbeitsablaufplanung wird während der Tätigkeiten der Arbeitsablaufplanung durchgeführt.

Neben dem Aufbau eines einheitlichen Datenmodells werden für die Aufgaben der Arbeitsablaufplanung Methoden und Funktionen zur Benutzerunterstützung entwikkelt. Wesentliche Bestandteile dieser Methoden ist die grafisch interaktive Erstellung von Arbeitsplänen und NC-Programmen am 3D-Werkstückmodell.

Neben der Verknüpfung der Arbeitsplaninformationen mit dem Werkstückmodell sind Funktionen zur Visualisierung von Informationen implementiert. Eine für alle Aufgaben der Arbeitsablaufplanung einheitliche Benutzeroberfläche erlaubt die

Durchführung von Aufgaben der Arbeitsablaufplanung ohne systemspezifische Kenntnisse.

Mit dem geschaffenen Arbeitsplanungssystem werden beispielhafte Aufgaben der Arbeitsablaufplanung durchgeführt. Abschließend werden die Möglichkeiten zu einer Verbesserung der Abläufe der technischen Auftragsabwicklung in Unternehmen durch den Einsatz des Arbeitsplanungssystems diskutiert.

9. Literaturverzeichnis

/1.1/ Porter, M.:Wettbewerbstrategie (Competitive Strategy); Campus Verlag Frankfurt, 1984

/1.2/ Milberg, J.: Wettbewerbsvorteile durch Stärkung der Integration; Tagungsband Münchner Kolloquium, München 1988

/1.3/ Reichwald, R.: Schmelzer, H.J.: Durchlaufzeiten in der Entwicklung; Oldenbourg Verlag München, 1990

/1.4/ Eidenmüller, B.: Die Produktion als Wettbewerbsfaktor; Verlag Industrielle Organsiation Zürich, Verlag TÜV Rheinland, 1989

/1.5/ Milberg, J.: Koepfer, T.; Wettbewerbsvorteile durch rechnerintegrierte Konstruktion und Produktion; VDI-Berichte Nr. 830, VDI-Verlag Düsseldorf 1990

/1.6/ Warnecke, H.J.: Märkte im Wandel, Spiegel-Verlagsreihe Band 14; Spiegel-Verlag 1990

/1.7/ Koch, H.C.: Integrierte Informationstechnik - Chance für den Unternehmenserfolg; Tagungsband Produktionstechnisches Kolloquium, Berlin 1986

/1.8/ Taylor, J.W.: Die Grundsätze wissenschaftlicher Betriebsführung (The principles of Scientific Management), Oldenburg Verlag, München Berlin 1913

/1.9/ Milberg, J., Koepfer, T., Schrüfer, N.: 3D-grafisch interaktive Arbeitsplanung; wt Werkstattstechnik 8/1990, S. 445-448, Springer-Verlag 1990

/2.1/ N.N.: Handbuch der Arbeitsvorbereitung, Teil I: Arbeitsplanung; Herausgeber: AWI/REFA, Beuth Verlag Berlin, Köln, 1973

/2.2/ Minolla, W.: Rationalisierung in der Arbeitsplanung - Schwerpunkt Organisation; Dissertation RWTH Aachen, 1975

/2.3/ Spur, G., Krause F.L.: CAD-Technik; Carl Hanser Verlag München, 1984

/2.4/ Eversheim, W.: Organisation in der Produktionstechnik Bd. 3, Arbeitsvorbereitung; VDI Verlag, Düsseldorf 1989

/2.5/ Anderl, R.: Fertigungsplanung durch die Simulation von Arbeitsvorgängen auf der Basis von 3D-Produktmodellen; VDI-Fortschrittsberichte Reihe 10, VDI-Verlag Düsseldorf, 1987

/2.6/ Hackstein, R., Almenräder, A.: Termin- und Kapazitätsplanung für die Arbeitsplanung?; AV 23 (1986) 1, Carl Hanser Verlag München, 1986

/2.7/ Loersch, U.: Aufbau eines Dialogplanungssystems - Dargestellt am Beispiel der Arbeitsplanerstellung; Dissertation RWTH Aachen, 1983

/2.8/ N.N.: VDI-Richtlinie 2222 Blatt 1, Konzipieren technischer Produkte; VDI-Verlag Düsseldorf, 1977

/2.9/ N.N.: VDI-Richtlinien 2210, Datenverarbeitung in der Konstruktion - Analyse des Konstruktionsprozesses im Hinblick auf den EDV-Einsatz; VDI-Verlag Düsseldorf, 1975

/2.10/ Eversheim W.: Simulataneous Engeneering - eine organisatorische Chance; VDI-Berichte 758, VDI-Verlag Düsseldorf, 1989

/2.11/ Heiermann, K.: Simulataneous Engeneering in der Kleinserienproduktion; VDI-Berichte 758, VDI Verlag Düsseldorf, 1989

/2.12/ Lamei-Mousatfa, H.: Weiterverarbeitung von Konstruktions- zu Fertigungsunterlagen; Hüthig-Verlag, 1988

/2.13/ Pahl, G.: Modellierungsstrategien beim Einsatz von 3D-CAD-Systemen; Konstruktion 41 (1989) S.406-415; Springer-Verlag Berlin

/2.14/ Abeln, O.: CAD-Systeme der 90er Jahre - Vision und Realität; VDI Berichte 861.1, VDI Verlag, Düsseldorf 1990

/2.15/ Schultz, H., Bölzing, D.: Fabriken rechnergestützt automatisiert; Werkstatt und Betrieb 122 (1989), S.607-611, Carl Hanser Verlag München

/2.16/ Tönshoff, H. K., Rudolph, F. N.: Neue Ansätze zum Zusammenwirken von Konstruktion und Fertigung in der flexiblen Produktion; ZwF 84 (1989), S.253-257, Carl Hanser Verlag München

/2.17/ Iudica, N., Ansaldi, S.: Generatives Arbeitsplanungssystem mit CAD-Kopplung; ZwF 84 (1989); Carl Hanser Verlag, München

/2.18/ Storr, A., Hofmeister, W., Zirbs, J.: Stand der Technik im Bereich CAD/CAM-Kopplung; wt Werkstattstechnik 4/1988, S.353-359, Springer-Verlag 1990

/2.19/ Ehrlich, H.: Aufbau von inneren und äusseren Schnittstellen für die rechnerunterstützte Arbeitsplanung; Dissertation, Universität Hannover, 1984

/2.20/ Baberg, T.: Rationalisierung in der Arbeitsplanung unter Berücksichtigung dynamischer Unternehmensveränderungen und der Auswirkungen auf die Fertigungskosten; Dissertation, RWTH Aachen, 1980

/2.21/Fuchs, H.: Automatische Arbeitsplanerstellung- Ein Baustein im Rahmen der integrierten Fertigungsunterlagenerstellung; Dissertation RWTH Aachen 1981

/2.22/ Schwamborn, W.: Rechnerunterstützte Arbeitsplanung - Entwicklung eines Systems für die Einzel- und Serienfertigung; VDI-Z Bd. 129 (1987) Nr.1 - Januar

/2.23/ DIN-Fachbericht 20, Schnittstellen der rechnerintegrierten Produktion (CIM) - CAD und NC-Verfahrenskette, Beuth Verlag Berlin, 1989

/2.24/ Schulz, J.: Auslegung computerintegrierter Arbeitsplanung für flexible Fertigungssysteme; Dissertation, RWTH Aachen, 1988

/2.25/ Szabö, Z.-J.: Systematische Planung von Programmsystemen zur Erstellung von Fertigungsunterlagen; Dissertation, RWTH Aachen, 1976

/2.26/ Rozenfeld, H.: Rechnerunterstütze Arbeitsplanerstellung für komplexe prismatische Großwerkstücke, Dissertation RWTH Aachen, 1988

/2.27/ Zons, K.H.: Rechenrunterstütze Ermittlung von Arbeitsvorgangsfolgen auf der Basis von bearbeitungstechnologischen Grundlagen, Dissertation RWTH Aachen, 1983

/2.28/ Eversheim, W., Loersch, U., Esch, H.: Arbeitsplanerstellung im Dialog mit dem System DISAP; Industrieanzeiger Nr. 97 v. 2.12.1981/103. Jg., S. 29-32

/2.29/ Wessel, H.-J., Steudel, M.: Gegenüberstellung von Systemen zur automatischen Arbeitsplanerstellung; VDI-Z 122 (1980) Nr. 8 - April (II), S. 302-310

/2.30/ Kunzendorf, W., Stuckmann, G.: Dialogorientierte Arbeitsplanung für die Kleinserienfertigung; VDI Berichte Nr. 292, VDI Verlag Düsseldorf 1977

/2.31/ Turowski, W.: Gestaltung von Funktionsbausteinen für geometrieorientierte Arbeitsplanungssysteme; Carl Hanser Verlag, München 1986

/2.32/ Eversheim, W., Rozenfeld, H., Schneewind, J.: Automatismus nach Maß; Industrieanzeiger 85/1989

/2.33/ Viehmann, K.: CAP-Rechnereinsatz in der Arbeitsplanung an der Schnittstelle zwischen CAD, CAM und PPS; AV 23 (1986) 5, S. 177-180, Carl Hanser Verlag, München 1986

/2.34/ Anders, N., Schaele, M., Prack, K.-W.: AVOGEN - wissensbasierte Generierung von Arbeitsfolgen; VDI-Z 132 (1990), Nr. 4 - April 1990 S. 111-117,

/2.35/ Pritschow, G., Spur, G., Weck, M.: Künstliche Intelligenz in der Fertigungstechnik; Hanser Verlag, München 1989

/2.36/ Major : Benutzergetriebene Modellierung als Basis der Entwicklung dedizierter Arbeitsplanungssysteme, Dissertationsmanuskript Berlin, 1990

/2.37/ Züst, R.: Beitrag zur automatisierten Prozessplanung am Beispiel bohrender und fräsender Verfahren in einer CIM-Umgebung; Dissertation ETH Zürich, 1990

/2.38/ Krause, F.-L.: Wissensverarbeitung für die rechnerunterstützte Produktgestaltung; ZwF 85 (1990) 3, S. 146-150, Carl Hanser Verlag, München 1990

/2.39/ Grottke W.: Integration von Konstruktion und Arbeitsvorbereitung durch technologische Modellierung, Produktionstechnik - Berlin Bd. 53, Hanser Verlag 1986

/2.40/ Maßberg, W., Xu, J.: Auf dem Weg zur Integration von CAD und CAP; ZwF 85 (1990) 3, S. 151-154, Carl Hanser Verlag, München

/2.41/ Eversheim, W., Fuchs, H., Zons, K.-H.: Anwendung des Systems AUTAP zur Arbeitsplanerstellung; Industrieanzeiger, 102. Jg. Nr. 55, 1980

/2.42/ Pistorius E.: Informationsabbildungen für die automatisierte Arbeitsplanung. Produktionstechnik - Berlin Bd. 44, Hanser Verlag 1985

/2.43/ Eversheim, W., Rozenfeld, H., Buchholz, G.: Integration der rechnerunterstützten Konstruktion und Arbeitsplanung; Industrieanzeiger Extra NC-Technik, (1987) 19, S. 64-72

/2.44/ Eversheim, W., Diels, A., Rozenfeld, H.: Datenmodell für eine integrierte Arbeitsplanerstellung; VDI-Z 130 (1988), Nr.3 - März

/2.45/ Steudel, M.: Aufbau und Anwendungsmöglichkeiten eines modularen Systems zur automatischen Arbeitsplanerstellung; Dissertation, RWTH Aachen, 1980

/2.46/ Eversheim, W.: Arbeitsplanung in der computerintegrierten Fertigung; Industrieanzeiger 85/1989

/2.47/ Logan, F. A.: Process Planning - The Vital Link Between Design and Production; Autofact 5 Conf. Proc. Computer and Automated Systems Ass. of SME, Detroit, Mich. USA, 14.-17.11.1983

/2.48/ Peiker, S.: Entwicklung eines integrierten NC-Planungssystems; iwb-Forschungsbericht 23, Springer Verlag, 1989

/2.49/ Schrüfer, N.: Rüstzeitreduzierung durch 3D- NC-Simulation, Dissertationsmanuskript iwb, 1990

/2.50/ Wilhelm,C.M.: Rechnergestützte Prüfplanung im Informationsverbund moderner Produktionssysteme; Forschungsberichte aus dem Institut für Werkzeugmaschinen und Betriebstechnik der Universität Karlsruhe, 1989

/2.51/ Milberg, J., Koepfer, T.: Rüstzeiten in der Einzelteil- und Kleinserienfertigung senken; Werkstatt und Betrieb 123 (1990) 1, S. 63-68

/2.52/ Koepfer, T., Schrüfer, N.: Simulation mit Cosima; VDI-Z 132 (1990), Nr.4 - April 1990, S. 18-25

/2.53/ Peiker, S., Lindl, M.: Selektive Datenübertragung in einer CAD/NC-Verbindung; CAD/CAM/CIM, Sonderteil in Hanser Fachzeitschriften, März 1990

/2.54/ Eversheim, W., Dahl, B., Marczinski, G., Holland, M.: CAD-Systeme und NC-Programmiersysteme koppeln; ZwF 85 (1990) 5, Carl Hanser Verlag, München

/2.55/ Wang, Z.L.: NC-Programmierung, Berichte aus dem Institut für Steuerungstechnik und Werkzeugmaschinen und Fertigungseinrichtungen der Universität Stuttgart, Band 47, Springer-Verlag 1983

/2.56/ Kochan, D., Sandig J.: CAD/NC-Kopplungen; ZwF 85 (1990) 3, Carl Hanser Verlag, München

/2.57/ N.N.: Produktdatenverarbeitung, Leitfaden des VDI - Gemeinschaftsausschusses CIM; VDI Verlag, Düsseldorf 1990

/2.58/ Ammonn, R., Liese, S., Witte, H., Raether, C., Monz, J., Hohwieler, E.: Neue Systeme für werkstattorientierte Programmierverfahren; wt Werkstattstechnik 77 (1987) S. 501-504 u. S. 575-581

/2.59/ Potthast, A., Zeppelin, W.v.: CAD/NC-Kopplung für ein Werkstattprogrammiersystem; ZwF 84 (1989) 9 S.487-490

/2.60/ Bullinger, H.-J., Ganz, W.: Ohne Human Integrated Manufacturing kein CIM; io Management Zeitschrift 59 (1990) Nr. 6

/2.61/ Schultz-Wild, R.: An der Schwelle zur Rechnerintegration - Zur Einführungsdynamik von CIM-Techniken in der Metallindustrie; Projektträgerschaft Fertigungstechnik, Forschungsbericht KfK-PFT 137; Karlsruhe, 1988

/2.62/ N.N.: Konzeption eines Flexiblen Fertigungssystems; Unveröffentlichter Bericht des Instituts für Werkzeugmaschinen und Betriebswissenschaften, TU München 1989

/2.63/ Züst, R.: Knowledge-Based Process Planning System for Prismatic Workpieces in a CAD/CAM-Environment; Annals of the CIRP Vol. 39/1/1990

/2.64/ Amann, W., Hartberger, H.: Produktionssysteme modellieren und simulieren; ZwF 85 (1990) 7, S. 348-351, Carl Hanser Verlag, München

/2.65/ Eversheim, W., Marczinski, G.: Neue Anforderungen an Schnittstellen und Datenmodelle; Industrieanzeiger 85/1989

/2.66/ Marczinski, G., Prengemann, U., Holland, M., Mittmann, B.: Anwendungsorientierte Analyse des zukünftigen Schnittstellen-Standards STEP; ZwF 84 (1989) 8, S. 456-461, Carl Hanser Verlag, München

/2.67/ VDMA: Ergebnisse der Untersuchung Kennzahlen aus dem Fertigungsbereich; VDMA-Mitgliederinformation,Unveröffentlichter Bericht 1990

/2.68/ Held, H.-J., Feller, H.: GENOA - Wissensbasiertes Generieren und Optimieren von Arbeitsplänen; wt Werkstattstechnik 80 (1990) S. 520-524

/2.69/ Ruoff, F.: Arbeitsplanerstellung und Vorgabezeitermittlung am Bildschirm für konventionelle spanende Fertigung; Dissertation, Universität Stuttgart, 1979

/2.70/ Prack, K.-W.: Systemkonzept zur standartisierten rechnerunterstützten Arbeitsplanung; Dissertation, Universität Hannover, 1984

/2.71/ N.N.: VDI-Richtlinien: Datenverarbeitung in der Konstruktion - Integrierte Herstellung von Konstruktions- und Fertigungsunterlagen; VDI 2213, VDI-Verlag GmbH, Düsseldorf 1985

/2.72/ Krause, F.-L., Altmann, C.: Arbeitsplanung alternativer Prozesse für flexible Fertigungssysteme; ZwF 84 (1989); Carl Hanser Verlag, München

/2.73/ Züst, R.: CAPP-Systeme für prismatische Werkstücke; Technische Rundschau 42/90, S. 44-49, 1990

/2.74/Eversheim, W.; Cobanoglu, M.; Diels, A.: Aufbau von Methodenbanken für die Arbeitsplanung, VDI-Z 130 (1988) S.50-55, Nr. 10-Oktober, 1988

/2.75/Eversheim, W.; Cobanoglu, M.; Jacobs, S.: CAP für Automobilzulieferer, CIM-Management 2/89, S.4-9, Oldenburg Verlag, 1989

/2.76/ Züst, R.: Wie weit läßt sich die Arbeitsvorbereitung automatisieren? io Management Zeitschrift 59 (1990) Nr 11, S. 79-84

/2.77/ Krause, F.-L.: Entwicklungstendenzen der rechnerunterstützten Konstruktion und Arbeitsplanung, Gestaltung von Fertigungsprozessen im Maschinenbau, Tagungsband der 3. Fachtagung der TH Magdeburg, S. 28-33, DDR 1985

/2.78/ Kunzendorf, W.; Stuckmann, G.: Dialogorientierte Arbeitsplanung für die Kleinserienfertigung, VDI-Berichte Nr. 292, Düsseldorf 1977

/2.80/Schwamborn, W.: Planung eines Informationssystems für die Arbeitsvorbereitung in Unternehmen der Einzel- und Kleinserienfertigung; Dissertation, RWTH Aachen, 1982

/2.81/ Diels, A.: Systematischer Aufbau von Methodenbanken für die Arbeitsplanung, dargestellt am Beispiel der Arbeitsplanerstellung und NC-Programmierung; Dissertation, RWTH Aachen, 1989

/3.1/ Brankamp K.; Ein Terminplanungssystem für Unternehmen der Einzel - und Serienfertigung, Physika- Verlag Würzburg, Wien, 1968

/3.2/ Bullinger, H.J., Dangelmaier, W., Hichert R.: Vorgehensweise in der Kapazitätsterminierung im Konstruktions- und Entwicklungsbereich, Industrial Engineering 3/1973, Heft 6

/3.3/ Lindl, M.: Auftragsleittechnik in Konstruktion und Arbeitsplanung, CIM-Managment 1, S. 22, 1991

/4.1/ Wrba, P.: Simulation als Werkzeug in der Handhabungstechnik, iwb-Forschungsbericht 25, Springer Verlag 1990

/4.2/ Hoischen H..Technisches Zeichnen, Giradet Verlag, Essen 1980

/4.3/ Knappe, H. J.: Ein Beitrag zur rechnerunterstützten Ermittlung von Technologiedaten bei der Programmierung von numerisch gesteuerten Fräsmaschinen; Dissertation, RWTH Aachen, 1986

/5.1/Wang. Z.L.: NC-Programmierung, Maschinennaher Einsatz von fertigungstechnisch orientierten Programmiersystemen, Berichte aus dem Institut für Steuerungstechnik der Werkzeugmaschinen und Fertigungseinrichtungen der Universität Stuttgart; Springer Verlag, Berlin, Heidelberg, New York,1983

/5.2/ N.N.: EXAPT-Sprachbeschreibungen, Aachen, EXAPT-Verein

/6.1/ Eidenmüller, B.: Auswirkungen neuer Technologien auf die Arbeitsorganisation, FB/IE 36 (1987) 1, Referat auf der 12. Deutschen Fachtagung Industrial Engeneering, 1986

/6.2/ Marczinski, G., Prengemann, U., Holland, M., Mittmann, B.: Anwendungsorientierte Analyse des zukünftigen Schnittstellen-Standards STEP; ZwF 84 (1989) 8, S. 456-461, Carl Hanser Verlag, München

/6.3/ Grabowski, H., Anderl, R, Schmitt, M.: Produktmodellkonzept von STEP, VDI-Z (1989) Nr.12

/6.4/ Grabowski, H., Anderl, R, Schilli, B., Schmitt, M.: STEP-Entwicklung einer Schnittstelle zum Produktdatenaustausch, VDI-Z (1989) Nr.9

/7.1/ Hackstein, R.: Produktionsplanung und -steuerung (PPS), Ein Handbuch für die Betriebspraxis, VDI-Verlag Düsseldorf, 1989

/7.2/ N.N. : Leittechniken für flexible Fertigungssysteme, Tagungsband des Aachener Werkzeugmaschinenkolloquium 1990, Wettbewerbsfaktor Produktionstechnik, S.349-392, VDI-Verlag Düsseldorf, 1990

/7.3/ Wiendahl, H.-P.: Betriebsorganisation für Ingenieure, Carl-Hanser Verlag, 1989

/7.4/ Lutz, P. Leitssysteme für die rechnerintegrierte Auftragsabwicklung, iwb-Forschungsbericht 16, Springer Verlag, 1988

iwb Forschungsberichte

Berichte aus dem Institut für Werkzeugmaschinen und Betriebswissenschaften der Technischen Universität München

Herausgeber: Prof. Dr.-Ing. J. Milberg

---

1 **Streifinger, E.**
Beitrag zur Sicherung der Zuverlässigkeit und Verfügbarkeit moderner Fertigungsmittel
1986. 72 Abb. 167 Seiten, ISBN 3-540-16391-3 — 68,- DM

2 **Fuchsberger, A.**
Untersuchung der spanenden Bearbeitung von Knochen
1986. 90 Abb. 175 Seiten, ISBN 3-540-16392-1 — 68,- DM

3 **Maier, C.**
Montageautomatisierung am Beispiel des Schraubens mit Industrierobotern
1986. 77 Abb. 144 Seiten, ISBN 3-540-16393-X — 68,- DM

4 **Summer, H.**
Modell zur Berechnung verzweigter Antriebsstrukturen
1986. 74 Abb. 197 Seiten, ISBN 3-540-16394-8 — 68,- DM

5 **Simon, W.**
Elektrische Vorschubantriebe an NC-Systemen
1986. 141 Abb. 198 Seiten, ISBN 3-540-16693-9 — 68,- DM

6 **Büchs, S.**
Analytische Untersuchungen zur Technologie der Kugelbearbeitung
1986. 74 Abb. 173 Seiten, ISBN 3-540-16694-7 — 68,- DM

7 **Hunzinger, I.**
Schneiderodierte Oberflächen
1986. 79 Abb. 162 Seiten, ISBN 3-540-16695-5 — 68,- DM

8 **Pilland, U.**
Echtzeit-Kollisionsschutz an NC-Drehmaschinen
1986. 54 Abb. 127 Seiten, ISBN 3-540-17274-2 — 68,- DM

9 **Barthelmeß, P.**
Montagegerechtes Konstruieren durch die Integration von Produkt- und Montageprozeßgestaltung
1987. 70 Abb. 144 Seiten, ISBN 3-540-18120-2 — 68,- DM

10 **Reithofer, N.**
Nutzungssicherung von flexibel automatisierten Produktionsanlagen
1987. 84 Abb. 176 Seiten, ISBN 3-540-18440-6 — 68,- DM

11 **Diess, H.**
Rechnerunterstützte Entwicklung flexibel automatisierter Montageprozesse
1988. 56 Abb. 144 Seiten, ISBN 3-540-18799-5 — 73,- DM

12 **Reinhart, G.**
Flexible Automatisierung der Konstruktion
und Fertigung elektrischer Leitungssätze
1988, 112 Abb. 197 Seiten, ISBN 3-540-19003-1 73,- DM

13 **Bürstner, H.**
Investitionsentscheidung in der rechnerintegrierten Produktion
1988, 77Abb. 190 Seiten, ISBN 3-540-19099-6 73,- DM

14 **Groha, A.**
Universelles Zellenrechnerkonzept für flexible Fertigungssysteme
1988, 74 Abb. 153 Seiten, ISBN 3-540-19182-8 73,- DM

15 **Riese, K.**
Klipsmontage mit Industrierobotern
1988, 92 Abb. 150 Seiten, ISBN 3-540-19183-6 73,- DM

16 **Lutz, P.**
Leitsysteme für rechnerintegrierte Auftragsabwicklung
1988, 44 Abb. 144 Seiten, ISBN 3-540-19260-3 73,- DM

17 **Klippel, C.**
Mobiler Roboter im Materialfluß eines flexiblen Fertigungssystems
1988, 86 Abb. 164 Seiten, ISBN 3-540-50468-0 73,- DM

18 **Rascher, R.**
Experimentelle Untersuchungen zur Technologie der Kugelherstellung
1989, 110 Abb. 200 Seiten, ISBN 3-540-51301-9 73,- DM

19 **Heusler, H.-J.**
Rechnerunterstützte Planung flexibler Montagesysteme
1989, 43 Abb. 154 Seiten, ISBN 3-540-51723-5 73,- DM

20 **Kirchknopf, P.**
Ermittlung modaler Parameter aus Übertragungsfrequenzgängen
1989, 57 Abb. 157 Seiten, ISBN 3-540-51724 73,- DM

21 **Sauerer, Ch.**
Beitrag für ein Zerspanprozeßmodell Metallbandsägen
1990, 89 Abb. 166 Seiten, ISBN 3-540-51868-1 78,- DM

22 **Karstedt, K.**
Positionsbestimmung von Objekten in der Montage-
und Fertigungsautomatisierung
1990, 92 Abb. 157 Seiten, ISBN 3-540-51879-7 78,- DM

23 **Peiker, St.**
Entwicklung eines integrierten NC-Planungssystems
1990, 66 Abb. 180 Seiten, ISBN 3-540-51880-0 78,- DM

24 **Schugmann, R.**
Nachgiebige Werkzeugaufhängungen für die automatische Montage
1990. 71 Abb. 155 Seiren, ISBN 3-540-52138-0 78,- DM

25 **Wrba, P**
Simulation als Werkzeug in der Handhabungstechnik
1990, 125 Abb., 178 Seiten, ISBN 3-540-52231-X 78,- DM

26 **Eibelshäuser, P.**
Rechnerunterstützte experimentelle Modalanalyse
mitells gestufter Sinusanregung
1990, 79 Abb., 156 Seiten, ISBN 3-540-52451-7 78,- DM

27 **Prasch, J.**
Computerunterstützte Planung von chirurgischen Eingriffen
in der Orthopädie
1990, 113 Abb., 164 Seiten, ISBN 3-540-52543-2 78,- DM

28 **Teich, K.**
Prozeßkommunikation und Rechnerverbund in der Produktion
1990, 52 Abb., 158 Seiten, ISBN 3-540-52764-8 78,- DM

29 **Pfrang, W.**
Rechnergestützte und graphische Planung manueller
und teilautomatisierter Arbeitsplätze
1990, 59 Abb., 153 Seiten, ISBN 3-540-52829-6 78,- DM

30 **Tauber, A.**
Modellbildung kinematischer Stukturen
als Komponente der Montageplanung
1990, 93 Abb., 190 Seiten, ISBN 3-540-52911-X 78,- DM

31 **Jäger, A.**
Systematische Planung komplexer Produktionssysteme
1991, 75 Abb., 148 Seiten, ISBN 3-540-53021-5 78,- DM

32 **Hartberger, H.**
Wissensbasierte Simulation komplexer Produktionssysteme
1991, 58 Abb., 154 Seiten, ISBN 3-540-53326-5 78,- DM

33 **Tuczek H.**
Inspektion von Karosseriepreßteilen auf Risse und Einschnürungen
mittels Methoden der Bildverarbeitung
1991, 125 Abb., 179 Seiten, ISBN 3-540-25062-X 78,- DM

34 **Fischbacher, J.**
Planungsstrategien zur strömungstechnischen Optimierung
von Reinraum-Fertigungsgeräten
1991, 60 Abb., 166 Seiten, ISBN 3-540-54027-X 78,- DM

35 **Moser, O.**
3D-Echtzeitkollisionsschutz für Drehmaschinen
1991, 66 Abb., 177 Seiten, ISBN 3-540-54076-8 78,- DM

36 **Naber, H.**
Aufbau und Einsatz eines mobilen Roboters mit
unabhängiger Lokomotions- und Manipulationskomponente
1991, 85 Abb., 139 Seiten, ISBN 3-540-54216-7 78,- DM

37 **Kupec, Th.**
Wissensbasiertes Leitsystem zur Steuerung flexibler Fertigungsanlagen
1991, 68 Abb., 150 Seiten, ISBN 3-540-54260-4 78,- DM

38 **Maulhardt, U.**
Dynamisches Verhalten von Kreissägen
1991, 109 Abb., 159 Seiten, ISBN 3-540-54365-1 78,– DM

39 **Götz, R.**
Stukturierte Planung flexibel automatisierter Montagesysteme
für flächige Bauteile
1991, 86 Abb., 201 Seiten, ISBN 3-540-54401-1 78,– DM

Die Bände sind im Erscheinungsjahr und in den folgenden drei Kalenderjahren
zu beziehen durch den örtlichen Buchhandel
oder durch Lange & Springer, Otto-Suhr-Allee 26-28, D-Berlin 10